# · PATCHWORK · FÜR KINDER

*Fantasievolle Geschenke – genäht, gepatcht, appliziert*

SUSIE LACOME

ILLUSTRATIONEN VON PENNY BROWN

Ravensburger Buchverlag

Die Deutsche Bibliothek – CIP-Einheitsaufnahme

**Patchwork für Kinder** :
fantasievolle Geschenke, genäht, gepatcht, appliziert / Susie Lacome.–
Ravensburg : Ravensburger Buchverl., 1998
Einheitssacht.: Kids country <dt.>
ISBN 3-473-42441-2


Übersetzung, Redaktion, Herstellung: topic Verlag GmbH, Redaktions- und
Herstellungsservice für Buch- und Presseverlage, Karlsfeld bei München
Printed in Hong Kong by South China Printing Co. (1988) Ltd.

Die Schreibweise entspricht den Regeln der neuen Rechtschreibung.

98 99 00 01 4 3 2 1

ISBN 3-473-42441-2

# · INHALT ·

## DAS SPIELZIMMER



## DAS KINDERZIMMER



## DAS BADEZIMMER



## DAS SCHLAFZIMMER

# • *Das* •
# SPIELZIMMER

# · KUNTERBUNTES WANDHAUS ·

Das farbenfrohe Haus sieht nicht nur hübsch aus, es hilft auch beim Aufräumen. In den Taschen finden viele kleine Dinge einen sicheren Platz. Die Farben können Sie auch passend zur Einrichtung des Zimmers auswählen.

*Fertige Größe: 65 x 44 cm*

## MATERIAL

- 27 x 41 cm gelber Stoff für den Hintergrund des Oberteils
- 29 x 41 cm blauer Stoff für den Hintergrund des Oberteils
- 7 x 41 cm grün gemusterter Stoff für den Hintergrund des Oberteils
- 28 x 30 cm grüner Stoff für die Hauswand
- 13 x 33 cm brauner Stoff für das Dach
- Stoffreste für die Fenstertaschen, Kamine und Applikationsmotive
- 36 cm Spitzenborte für die Dach-Unterkante
- 61 x 46 cm Haftvlies
- 1 m gemustertes Band, ca. 1,5 cm breit, zum Verzieren für Tür und Fensterrahmen
- 60 cm geblümte Spitzenborte, ca. 1,5 cm breit, für die obere Verzierung der Blumenkästen
- 2,3 m roter Stoffstreifen, 5 cm breit, für die Einfassung
- 44 x 65 cm fester Markisenstoff
- 54 x 65 cm Stoff für das Rückteil und die Aufhänger
- 20 cm grüne Zackenlitze als Verzierung für die Kamine
- 2,3 m gelbe Zackenlitze als Besatz für die Einfassung
- 36 cm lange Holzleiste mit quadratischem Querschnitt (1,5 x 1,5 cm) für die Aufhängung
- 1,20 m Schnur zum Aufhängen

## ZUSCHNEIDEN

1 Von allen Applikationsmotiven nach den Vorlagen auf Seite 11 Schablonen anfertigen; eine auch von Ihrer eigenen Hausnummer. Die Schablonen, mit Ausnahme der Tür, mit der rechten Seite nach unten, auf die Papierseite des Haftvlieses legen. Die Motivkonturen in benötigter Anzahl aufzeichnen. Motive großzügig ausschneiden und auf die linke Seite der Applikationsstoffe bügeln.

2 Stoffmotive, exakt den Konturen folgend, ausschneiden. Außerdem zwei hellblaue Türen zuschneiden.

3 Für die drei Fassadenfenster sechs dunkelblaue Fensterläden von 4 x 12 cm, für das Dachfenster zwei Läden von 4 x 7 cm Größe zuschneiden.

4 Außerdem für die Fassadenfenster drei hellblaue Stoffteile von 7 x 12 cm und für das Dachfenster ein hellblaues Stoffstück von 4 x 7 cm Größe zuschneiden.

5 Als Untergrund für die Fenster ebenfalls aus dem hellblauen Stoff drei Stücke von 13 x 12 cm Größe für die Taschenfenster und ein Stück von 13 x 7 cm Größe für das Dachfenster zuschneiden.

6 Aus rotem Stoff drei Blumenkästen in 7 x 7 cm Größe, einen Blumenkasten in 7 x 4 cm Größe für das Dachfenster und einen in 7 x 9 cm Größe für die Tür zuschneiden.

7 Als „Fensterrahmen“ dient das gemusterte Band. Sie benötigen für die Fassadenfenster drei 7 cm und sechs 6 cm lange Streifen, für das Dachfenster einen 7 cm und zwei 4 cm lange und für die Tür einen 17 cm langen Streifen.

8 Für die Verzierung der drei Blumenkästen in den Fassadenfenstern wird an deren obere Kante die geblümte Spitzenborte genäht. Für die doppelte Verzierung an den Fenstern benötigen Sie sechs Streifen von 7 cm Länge, für das Dachfenster und für die Tür je einen 7 cm langen Streifen.

9 Als Weg dient ein 7 x 4 cm großes Stoffstück. Das Gartentor entsteht aus dunklem Stoff in 12 x 8 cm Größe und hat drei Latten von 2 x 6 cm Größe. Die Kamine sind zwei 10 x 7 cm große Rechtecke.

10 Als Aufhängetunnel dient ein 10 cm breiter und 34 cm langer Stoffstreifen aus dem Rückteilstoff.

## NÄHEN

Sofern nicht anders angegeben, sind grundsätzlich 5 mm Nahtzugabe vorgesehen.

1 Für den Hintergrund den grün gemusterten Oberteilstoff rechts auf rechts an die Unterkante des gelben Oberteilstoffs stecken und annähen, dann die Oberkante des gelben Stoffs an die Unterkante des blauen Stoffs. Nähte auseinander bügeln.

2 Am Dach rundum die Nahtzugabe einschlagen und bügeln. Die Spitzenborte knapp unter die untere Dachkante schieben, anheften und festnähen. Die seitlich überstehenden Enden der Spitze an der Dachkante im gleichen Winkel abschneiden.

3 Entsprechend den Anweisungen für das Arbeiten mit Haftvlies (Seite 110), das grüne Stoffteil für das Haus auf den Hintergrund des Oberteils bügeln.

4 Das Dach entlang der Hausoberkante auflegen und -bügeln. Die Oberkante der Kamine mit einem blauen Stoffstreifen einfassen und mit grüner Zackenlitze verzieren. Die Herzen mit Satinstichen applizieren. Die Kamine auf dem Dach platzieren, die Seitenkanten einschlagen und aufsteppen.

5 Die Sonne an ihrem Platz festbügeln und mit breitem Satinstich applizieren.

6 Als Fensterrahmen wird das gemusterte Band an Seiten- und Oberkante aller hellblauen Fenster aufgesteckt und geheftet. An der Tür das Band einkräuseln, so dass es sich leicht um den Türbogen legen lässt. Ebenfalls heften.

7 Die Blumenkästen zieren gelbe Herzen, die Sie auf die roten Stoffstücke bügeln und im Satinstich applizieren. Die Oberkante der Blumenkästen 5 mm breit einsäumen. Zwei Streifen der Blümchenspitze untereinander an die Oberkante der Blumenkästen für die Fassadenfenster nähen, am Blumenkasten des Dachfensters und an der Tür nur je einen Streifen aufbringen.

8 Die Blumenkästen im unteren Teil der hellblauen Fenster ausrichten. Seiten- und Unterkante stecken und heften.

9 Je einen dunkelblauen Fensterladen rechts auf rechts entlang den seitlichen Fensterkanten heften und

aufnähen. Die Fensterläden aufklappen und auf die Nahtzugabe bügeln.

10 Nun die Fenster und die Tür rechts auf rechts auf die entsprechenden hellblauen Stoffteile legen und an Oberkante und Seiten zusammennähen. Ecken abschrägen und Teile wenden. Die offene Unterkante von Tür und Fenstern 5 mm einbügeln.

11 Die Tür und die Fenster auf der Hauswand und dem Dach anordnen und festheften.

12 Bevor Sie das Dachfenster aufnähen, bügeln Sie die Gaube mittels Haftvlies auf; mit Satinstichen applizieren.

13 Alle Fenster und die Tür an den Seiten knappkantig aufnähen; Unter- und Oberkante bleiben offen.

14 Das Stoffteil für den Weg an beiden Seitenkanten so weit einschlagen, bis es der Türbreite entspricht.

15 Mit breitem Satinstich und zum Hintergrundstoff passendem Garn applizieren Sie nun die Seiten und die Unterkante des Weges, die Seiten und die Unterkante des Hauses, das Dach und die Kanten der Spitzenborte, die Unterkanten der Fenster mit Fensterläden und die Kamine und die Herzmotive.

16 Das Tor quer zur Hälfte falten und bügeln, dann wieder aufklappen. An den Zuschnittteilen für die drei Latten seitlich schmale Nahtzugaben einschlagen und auf einer Hälfte des Gartentors mit Haftvlies unterlegt aufbügeln. Umriss der Latten dann mit Satinstich aufsteppen. Das Tor rechts entlang der Falte kantengleich aufeinander legen und die Seitennähte schließen. Auf rechts wenden und bügeln.

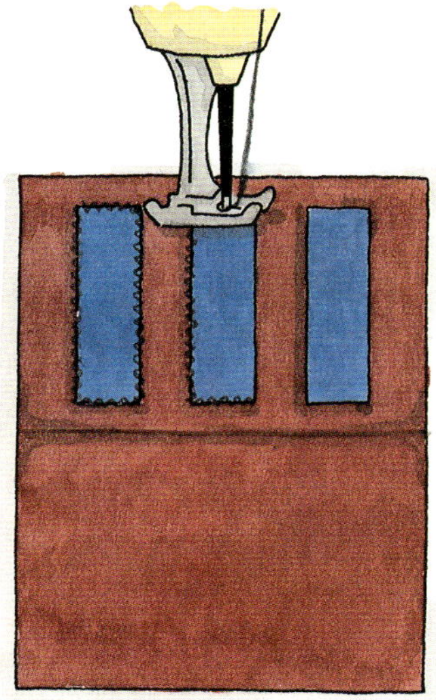

**17** Das Gartentor an der Unterkante des Weges auflegen und entlang den Seitennähten feststeppen. Unterkante offen lassen.

**18** Körper und Flügel der Vögel mittels Haftvlies auf das Dach bügeln. Beine, Füße und Schnabel bestehen aus Satinstichen. Für das Auge einen Knötchenstich arbeiten; siehe Stickstiche, Seite 110/114.

**19** Beim Baum zuerst den Stamm aufbügeln. Der Topf muss die Stammunterkante, die grüne Baumkrone und die Stammoberkante überlappen. Applizieren Sie die Formen im Satinstich.

**20** Um den Wandbehang fertig zu stellen legen Sie den Rückteilstoff mit der rechten Seite nach unten glatt auf die Arbeitsfläche. Darauf platzieren Sie den festen Markisenstoff sowie mittig das Patchwork-Oberteil mit der Bildseite nach oben. Alle Lagen aufeinander heften.

**21** Für die Einfassung eine Längsseite von zwei roten, 65 cm langen Stoffstreifen rechts auf rechts an die Seitenkanten des Oberteils stecken und durch alle drei Lagen mit 5 mm Nahtzugabe aufnähen. Die losen Kanten zum Rückteil legen. Die Längskanten einschlagen und auf die Nahtlinie stecken; mit Saumstichen festnähen. An Ober- und Unterkante mit zwei 47 cm langen Einfassstreifen ebenso verfahren, wobei die Streifenenden eingeschlagen werden.

**22** Bügeln Sie nun Ihre Hausnummer mit Haftvlies oberhalb der Tür auf. Im Satinstich zuerst die Kanten des Nummernschildes, dann die der Zahl applizieren.

**23** Entsprechend der Abbildung die gelbe Zackenlitze rundum auf die rote Einfassung steppen.

**24** Den Stoffstreifen für die Aufhängung entlang der Schmalseiten 5 mm einschlagen und feststeppen. Den Streifen der Länge nach rechts auf rechts kantengleich legen und stecken. Längskante absteppen. Den entstandenen Tunnel wenden und so bügeln, dass sich die Naht in der Mitte der Rückseite befindet. Diesen Schlauch mit Handstichen auf das Rückteil des Wandbehanges nähen. Zwei Löcher in die Holzleiste bohren, 1,5 cm von den Enden entfernt und groß genug, um die Aufhängeschnur durchziehen zu können. Leiste in den Tunnel schieben, die Schnur durch die Löcher fädeln und durch Knoten fixieren.

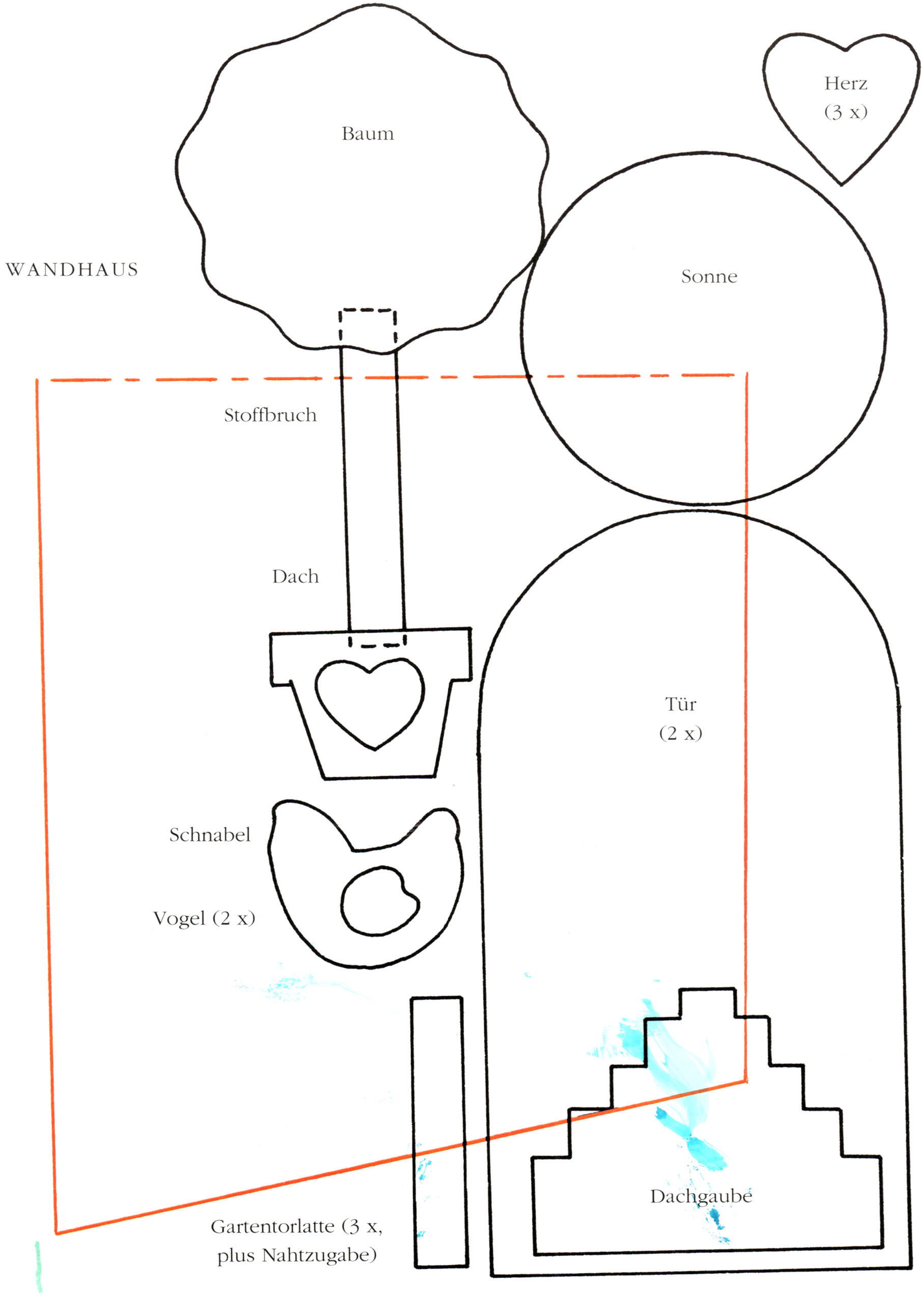
Herz
(3 x)
Baum
Sonne
WANDHAUS
Stoffbruch
Dach
Tür
(2 x)
Schnabel
Vogel (2 x)
Dachgaube
Gartentorlatte (3 x,
plus Nahtzugabe)

# · HÄSCHEN-RUCKSACK ·

Dieser strapazierfähige Rucksack ist genau das Richtige für alle, die noch mitten im Stofftieralter sind. Drei Häschen „bewachen" den Inhalt der bunten Außentaschen und halten sie mit ihren Pfoten fest verschlossen.

*Fertige Größe: ca. 15 x 23 x 33 cm*

## MATERIAL

- 50 x 80 cm blauer Stoff mit gelben Punkten für das Sackteil und den Boden
- 80 x 110 cm gelber Stoff für das Futter
- 25 x 80 cm rot karierter Stoff für die Klappe und eine Tasche
- 25 x 80 cm grün karierter Stoff für die Tragegurte und zwei Taschen
- 25 x 80 cm roter Stoff für die Einfassung der Oberkante und des Bodens
- 25 x 80 cm blauer Stoff für die Träger
- 15 x 80 cm orangefarbener Stoff für die Möhren
- 20 x 80 cm weißer Stoff
- 10 x 20 cm rosaweiß karierter Stoff für die Innenohren
- 25 cm Markisenstoff
- 21 x 38 cm Volumenvlies
- Haftvlies und etwas Stickvlies
- Klettbandstücke und etwas grüner Filz
- 1 m dünne Kordel
- Eine Holzperle
- Grüne und orangefarbene Modelliermasse
- Füllwatte für den Möhren-Anhänger
- Sechs Knöpfe für die Augen

## ZUSCHNEIDEN

1 Nach den Vorlagen auf Seite 14 Schablonen für Boden, Klappe, Häschen und Möhren anfertigen.

2 Für den Boden den blauen, gelb gepunkteten Stoff auf rechts einfalten. Die Schablone am Stoffbruch anlegen, den Umriss aufzeichnen und den Boden zuschneiden. In gleicher Weise einen Boden aus dem Markisenstoff und dem gelben Futterstoff zuschneiden.

3 Für die Klappe den rot karierten Stoff auf rechts einfalten. Die Schablone am Stoffbruch anlegen, den Umriss aufzeichnen und die Klappe zuschneiden. Ebenso ein Klappenteil aus dem gelben Stoff schneiden.

4 Für das Sackteil ein 76,5 x 36 cm großes Rechteck aus dem blauen, gelb gepunkteten Stoff und in gleicher Größe eines aus dem Futterstoff schneiden.

5 Für die Einfassung der Eingriffskante benötigen Sie einen roten Streifen, 77 x 5 cm, und für die Bodenkante einen roten Streifen, 77 x 3 cm.

6 Für die Tragegurte vier Streifen aus grün kariertem Stoff, 51 x 4 cm, und vier Streifen aus blauem Stoff, 51 x 2,5 cm, zuschneiden.

7 Für die Taschen zwei grüne Rechtecke und ein rot kariertes Rechteck von 25 x 15 cm zuschneiden.

8 Die Möhren-Schablone auf die Papierseite des Haftvlieses legen, die erforderliche Anzahl an Möhren aufzeichnen und großzügig ausschneiden.

9 Den Haftvlieszuschnitt auf die linke Stoffseite des orangefarbenen Stoffs bügeln und die Motive entlang den Konturen exakt ausschneiden.

10 Für die Häschen die Schablone auf den Stoff legen und aufzeichnen. Sechs Motive ausschneiden: drei

HÄSCHEN-
RUCKSACK

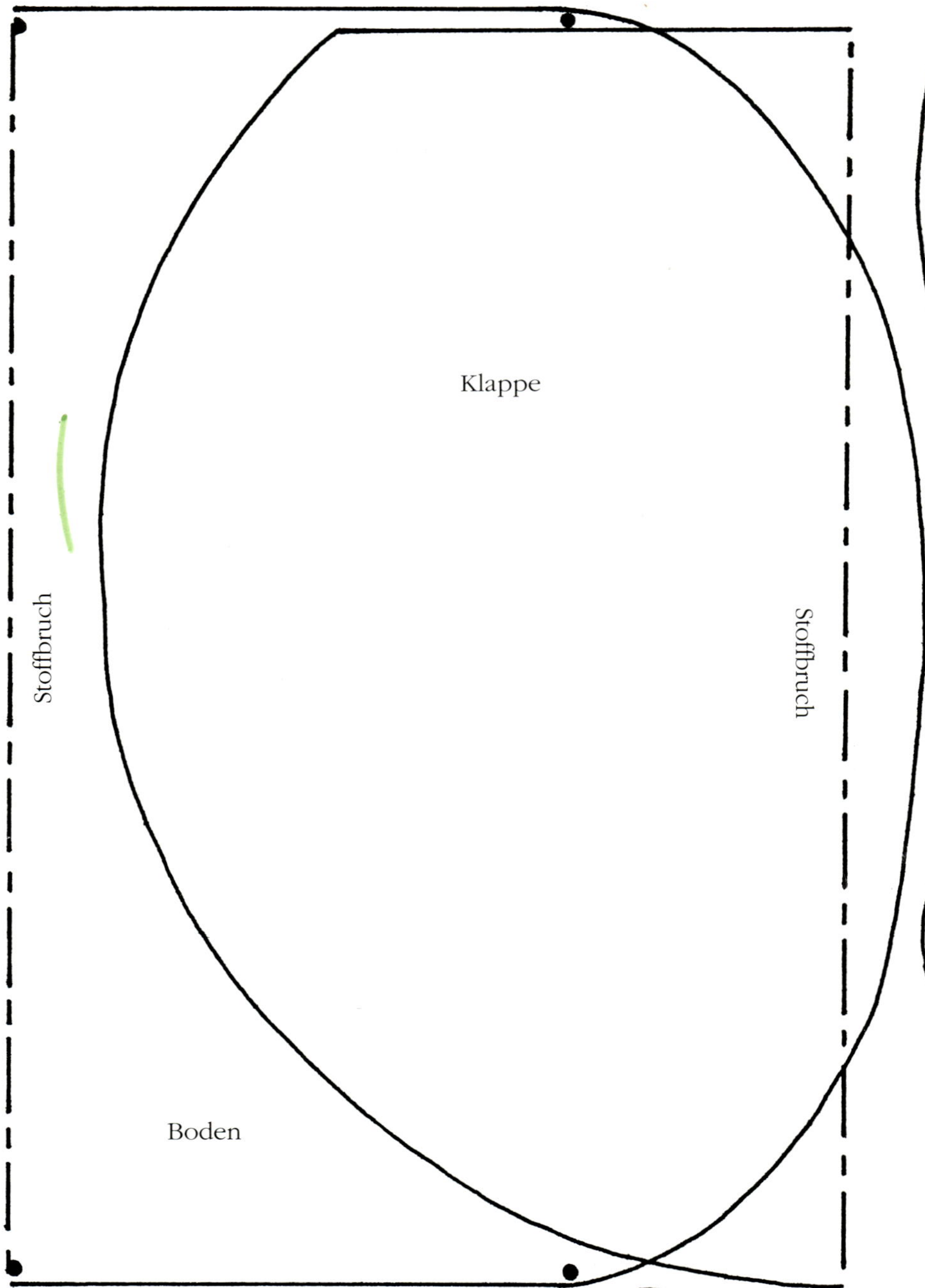

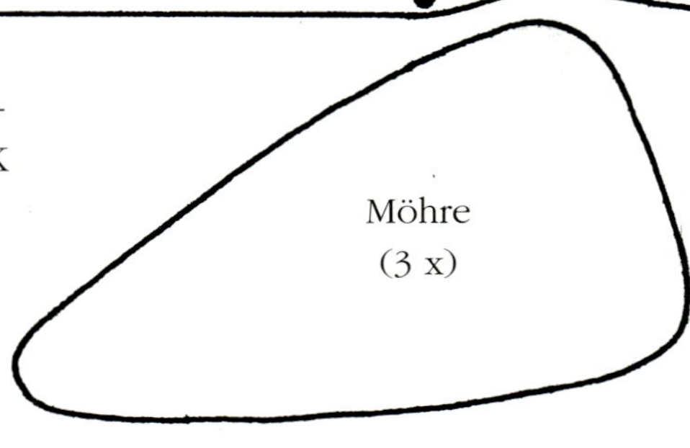


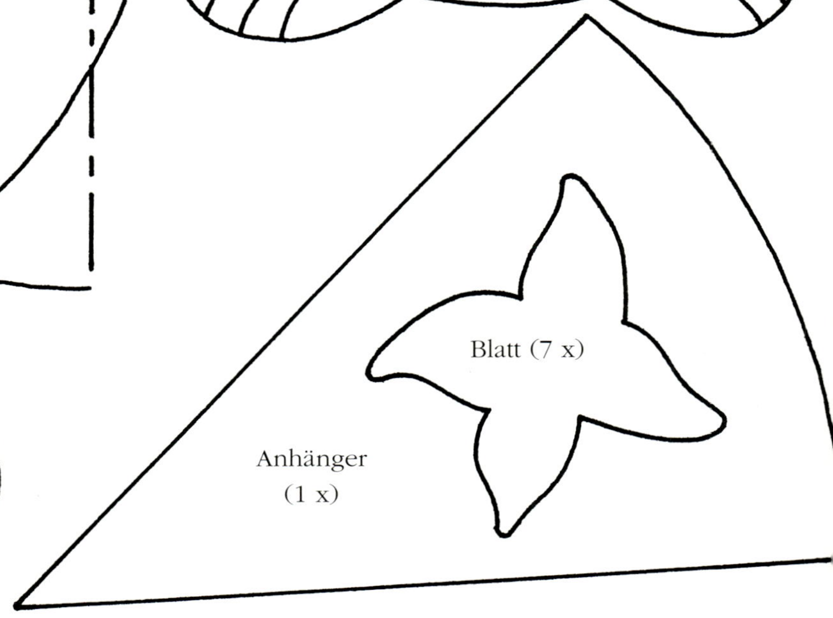

Vorderteile und drei Rückteile. Schneiden Sie auch drei Häschenformen aus Volumenvlies zu.

**11** Die Innenohr-Schablonen sechsmal auf Haftvlies übertragen. Die Formen großzügig ausschneiden, auf die linke Stoffseite des Karostoffes bügeln, dann exakt ausschneiden. Die Innenohren entsprechend platzieren und im Satinstich applizieren. Näschen und Schnurrhaare sticken. Als Augen Knöpfe aufnähen.

**12** Für die Einfassung der Klappe einen gelben Stoffstreifen von 61 x 4 cm zuschneiden.

**13** Die Schlaufe für den Verschluss wird aus gelbem Stoff gefertigt; ein Rechteck von 6,5 x 2,5 cm zuschneiden.

**14** Ein Stück Haftvlies auf den grünen Filz bügeln und die Möhrenblätter mit Hilfe der Schablone 7 x aufzeichnen und ausschneiden.

## NÄHEN

**1** Das blaue, gelb gepunktete Bodenteil und den Boden aus Markisenstoff links auf links kantenbündig aufeinander legen und stecken.

**2** Mit Hilfe der Zeichnung die Mitte der Längsseiten markieren und die Stellen, an denen die Kurven beginnen. Dann von einer Markierung zur anderen diagonale Linien über das Bodenteil steppen.

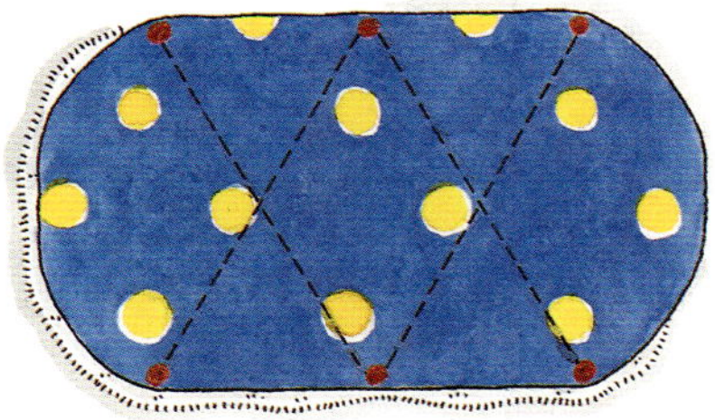

**3** Anschließend die Taschenzuschnitte so quer zur Hälfte falten, dass die linken Stoffseiten aufeinander liegen. Dann den Falzbruch mit einigen Stecknadeln markieren.

**4** Die Möhren und Blätter auf die untere Hälfte der Taschenteile aufbügeln, 1,5 cm von der Unterkante entfernt. Beachten Sie auch auf Seite 110 „Applikationen mit Haftvlies".

**5** Mit Satinstichen Möhren und Blätter applizieren.

**6** Die Taschenteile erneut hälftig legen und die Seitenkanten verstürzen. Die Taschen wenden und entlang der Eingriffskante absteppen.

**7** Die rot karierte Tasche entlang der Unterkante des Sackteils ausmitteln und bündig aufheften. Die beiden anderen Taschen im Abstand von 3 - 4 cm rechts und links davon ebenfalls aufheften. Entlang den Seiten eine Doppelnaht arbeiten.

**8** Ein Häschen-Rückteil mit der rechten Seite nach unten auflegen, darauf ein Volumenvliesteil sowie ein Vorderteil, rechte Seite oben, platzieren. Alle Lagen aufeinander heften.

**9** Die Lagen rundum mit Geradstich nahe der Stoffkante aufeinander steppen. Exakt über die Steppnaht eine schmale Zickzacknaht arbeiten.

**10** Entlang den außen liegenden Zickzackstichen überschüssigen Stoff abschneiden ohne die Stiche zu beschädigen.

**11** Über die Zickzacknaht breite Satinstiche arbeiten. Das Gesicht und die Pfoten gestalten. In gleicher Weise die beiden anderen Häschen anfertigen.



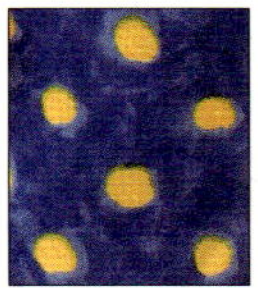

12 Ein kleines Stück Klettband auf die Unterseite jeder Pfote nähen.

13 Jedes Häschen wie abgebildet über den Taschenöffnungen platzieren. Die Unterkante des Gesichts sollte auf gleicher Höhe wie die Eingriffskante der Tasche liegen. Die Pfötchen dienen als Verschlusslaschen.

14 Den Häschenkopf und die Ohren entlang der versäuberten Kante aufheften und festnähen.

15 Die Gegenstücke des Pfoten-Klettbandverschlusses so auf die Tasche nähen, dass die Verschlussteile exakt aufeinander treffen.

16 Für die Tragegurte zwei blaue und zwei grün karierte Streifen rechts auf rechts, die Farben wechselnd, an der Längskante mit 5 mm Nahtzugabe aneinander nähen. Zuletzt das Stoffrechteck der Länge nach zum Schlauch schließen.

17 Die beiden Schläuche wenden und so bügeln, dass der blaue Stoff an den Seitenkanten liegt.

18 Beim Rucksackkörper an Ober- und Unterkante ab hinterer Mittelnaht die halbe und viertel Strecke mit Stecknadeln markieren. Das Stoffteil zweimal zur Hälfte falten und die Falzbrüche markieren.

19 Den Rucksackkörper zum Schlauch schließen.

20 Den Boden einsetzen – die linke Seite des Rucksacks liegt außen, die Bodenkante des Sackteils weist nach oben, die Naht bildet die hintere Mitte. Den Boden so ausmitteln und so an die Bodenkante stecken, dass die Markierungen exakt aufeinander treffen.

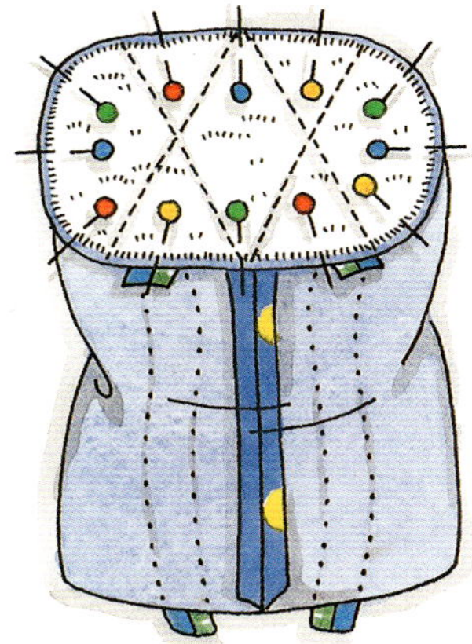

21 Ein Ende jedes Trägers zwischen Boden und Rucksackkörper einschieben, je 4 cm von der Mittelnaht entfernt, und feststecken.

22 Mit 5 mm Nahtzugabe den Boden, die Träger und das Sackteil zusammenheften, dann nähen; dabei auch die offenen Kanten der Außentaschen mitfassen.

23 Für die Einfassung der Bodenkante den Rucksack auf links belassen. Den Einfassungsstreifen längsseits zur Hälfte bügeln, die Kanten 5 mm einbügeln. Die Nahtzugaben am Boden einfassen.

24 Den Futterzuschnitt rechts auf rechts mit 5 mm Nahtzugabe zu einem Schlauch schließen und den Boden einsetzen.

25 Das Futter links auf links in den Rucksack schieben und entlang der Oberkante heften.

26 Für die Klappe werden der rot karierte Stoff und das gelbe Futter links auf links kantengleich aufeinander geheftet.

27 Den Einfassungsstreifen für die Klappe an den Längskanten 5 mm einschlagen und bügeln. Dann den Streifen der Länge nach links auf links zusammenfalten, bügeln und über die offene Kante der Klappe schieben. Mit der Nähmaschine knappkantig festnähen.

28 Den Stoff für die Verschlussschlaufe an den Längskanten 3 mm umschlagen. Links auf links der Länge nach falten und mit der Maschine aufeinander steppen. Schlaufe an ihrem Platz an der Unterseite der Klappe, genau in der vorderen Mitte, feststecken.

29 Die Ansatzkante der Klappe und Eingriffkante des Rucksacks mit 5 mm Nahtzugabe rechts auf rechts zusammenstecken; dabei die Klappe auf der rückwärtigen Rucksacknaht ausmitteln und die losen Trägerenden zwischenschieben. Heften und durch alle Lagen steppen.

30 Den roten Einfassungsstreifen für die Eingriffskante an beiden Längsseiten 1 cm einbügeln.

31 Den Einfassungsstreifen der Länge nach hälftig bügeln und wieder aufklappen.

32 Eine Längskante rechts auf rechts, 3 cm von der Eingriffskante entfernt, stecken und annähen. Die lose Kante des Einfassungsstreifens zur Innenseite des Rucksacks legen. Von der Außenseite aus feststecken und anheften.

33 Die Streifeninnenkante von der Außenkante aus (Rucksack auf links wenden) feststeppen. Die Träger extra sichern.

34 Acht Knopflöcher entlang der Eingriffskante in gleichmäßigem Abstand markieren. Horizontal 2 cm lange Knopflöcher nähen. Beachten Sie auf Seite 113 „Knopflöcher nähen".

35 In der vorderen Mitte beginnend die 1 m lange Kordel durch die Knopflöcher fädeln und beide Enden durch die Holzperle ziehen.

36 Für den Möhrenanhänger die beiden entsprechenden Stoffstücke rechts auf rechts mit 5 mm Nahtzugabe entlang den Seiten zusammennähen, durch die offene Oberkante wenden und mit Polyesterwatte oder Vliesresten ausstopfen. Kleine Reihstiche entlang der Oberkante arbeiten.

37 Die Enden der Kordel oben in die Möhre stecken und festnähen. Die Oberkante einkräuseln, die Kordel mit den Reihfäden fest umwickeln und die Fadenenden sichern.

38 Die vier Blätter aus Filz so an das obere Ende der Möhre nähen, dass alle Ansatznähte verdeckt sind.

39 Formen Sie den Verschlussknopf für die Klappe als Möhre mit Blattgrün aus orangefarbener und grüner Modelliermasse. In die Mitte der Möhre zwei Löcher bohren, damit man sie festnähen kann.

40 Backen Sie den Knopf nach Anweisung des Herstellers. Nach dem Abkühlen am Rucksack festnähen.

# · ZWEI KUSCHELKISSEN ·

Wer möchte nicht gern ein Glücksschwein oder ein niedliches kleines Schaf zum Freund haben? Die Form der Tiere ist so einfach, dass die Motive im Nu auf die karierten Kissen gezaubert sind.

## · SCHWEINCHEN ·

*Fertige Größe: 43 x 43 cm*

### MATERIAL

- 30 x 30 cm grünweißer, klein gemusterter Baumwollstoff für das Mittelstück des Kissenvorderteils
- 10 x 40 cm gelbweiß karierter Stoff für die Ecken
- 20 x 30 cm gelbweiß gestreifter Stoff für die Umrandung
- 25 x 30 cm blauer Stoff für die Umrandung
- 20 x 25 cm rosa Stoff mit gelben Punkten für das Schwein
- Stoffreste für Pfötchen, Äpfel, Blätter und Stiele
- 30 x 60 cm Haftvlies
- 43 x 43 cm Nessel als Unterlegung für das Kissenvorderteil
- 43 x 43 cm farblich passender Stoff für das Kissenrückteil
- 43 x 43 cm Volumenvlies
- 2 m Kordel für die Schnurpaspel, 6 mm Durchmesser
- 2 m grüner Schrägstreifen, 40 mm breit
- Zwei blaue Knöpfe für die Augen
- Passendes Inlettkissen

### ZUSCHNEIDEN

1 Für die mittlere Kissenfläche ein 28 cm großes Quadrat aus grünweißem Stoff zuschneiden.

2 Für die gelbweiß karierten Ecken vier Quadrate von 9 x 9 cm Größe zuschneiden.

3 Für die gelbweiße Umrandung vier Streifen von 28 x 5 cm Größe zuschneiden.

4 Für die blaue Umrandung acht Streifen von 28 x 3 cm zuschneiden.

5 Entsprechend der Abbildung die passenden Vorlagen auf Seite 23 abpausen und Schablonen anfertigen.

6 Die Schablonen mit der rechten Seite nach unten (seitenverkehrt) auf die Papierseite des Haftvlieses legen und den Umriss der Motive in benötigter Anzahl aufzeichnen. Die Motive großzügig ausschneiden und auf die linke Seite der passenden Applikationsstoffe aufbügeln. Die Motive exakt den Konturen folgend ausschneiden. Das Trägerpapier entfernen.

### NÄHEN

Sofern nicht anders angegeben, arbeiten Sie grundsätzlich mit 5 mm Nahtzugabe.

1 Den Körper des Schweinchens auf dem grünweiß karierten Baumwollquadrat platzieren und die Pfötchen unter die Beinkanten schieben; Teile aufbügeln. Beachten Sie auch auf Seite 110 „Applikationen mit Haftvlies“. Kopf, Nase, Nasenlöcher und Ohr-Innenseiten auflegen und ebenfalls durch Bügeln fixieren. Knöpfe als Augen aufnähen.

2 Die Äpfel in die Mitte jedes der gelbweiß karierten Eckquadrate aufbügeln, Stiel und Blätter entsprechend der Abbildung anfügen.

3 Für die Umrandung je einen blauen Streifen rechts auf rechts an beide Längskanten eines gelbweiß gestreiften Stoffstreifens nähen. Die Nahtzugaben zum blauen Stoff hin bügeln.

4 Zuerst zwei der zusammengesetzten blau-gelb-blauen Randstreifen an zwei sich gegenüberliegende Seiten des grün karierten Stoffs stecken und nähen. Die Nähte nach außen bügeln.

5 Dann die Eckquadrate rechts auf rechts an die Enden der beiden restlichen Randstreifen stecken und nähen. Achten Sie darauf, dass die Äpfel aufrecht stehen. Die Kanten wenn notwendig begradigen und die Nahtzugaben zuerst ausbügeln, dann nach außen bügeln.

6 Die beiden Randstreifen mit den Eckquadraten rechts auf rechts an die restlichen Seiten des grün karierten Stoffs stecken und nähen. Dabei den zuvor angesetzen blau-gelb-blauen Rand mitfassen. Die blauen Randstreifen entlang dem Mittelteil müssen genau im rechten Winkel aufeinander stoßen.

7 Den Nesselstoff auf die Arbeitsfläche legen, das Volumenvlies darüber breiten und darauf das Kissenvorderteil, mit der Bildseite nach oben, legen. Die drei Lagen horizontal, vertikal und diagonal zusammenheften, wie es die Zeichnung zeigt.

8 Mit breitem Satinstich alle Schnittkanten von Schwein und Äpfeln applizieren. Mit Geradstich genau im Nahtverlauf des grünweißen Stoffes und der blauen Randstreifen nähen.

9 Für die Schnurpaspel wird der Schrägstreifen rechts auf rechts der Länge nach kantenbündig gebügelt.

10 Die Kordel in den Faltenbruch einlegen. Unter Verwendung des Reißverschlussfußes knapp entlang der Kordel das Schrägband von rechts zusammennähen.

11 An der unteren Kante des Kissens beginnend die Paspel auf dem Kissenvorderteil feststecken; die offenen Kanten der Paspel zeigen zur Kissenaußenkante, die Schnurpaspel weist zur Kissenmitte. An den Ecken die Nahtzugabe des Paspelbandes einschneiden, damit es sich leicht über die Ecke legen lässt. Die beiden zusammentreffenden Enden der Paspel V-förmig übereinander legen.

12 Mit dem Reißverschlussfuß die Schnurpaspel durch alle Lagen aufnähen. Nesselstoff und Volumenvlies bis zur Nahtlinie zurückschneiden.

**13** Für das Kissenrückteil teilen Sie das entsprechende Stoffrechteck entlang der Schmalseite. An den soeben geschnittenen Kanten 5 mm Nahtzugabe einschlagen und erneut 3 cm umschlagen. Heften. Einschlag- und Umschlagkante knapp absteppen.

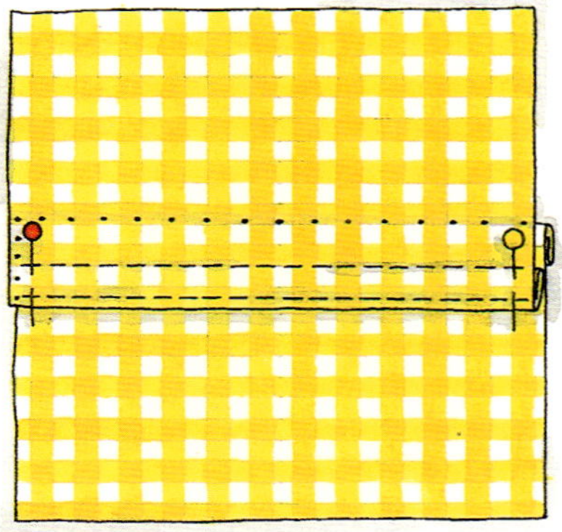

**14** Die beiden Hälften so auf die Arbeitsfläche legen, dass die beiden eingesäumten Kanten aufeinander treffen. Die eine Hälfte so weit über der anderen platzieren, bis die Außenmaße denen des Kissenvorderteils entsprechen. Feststecken, heften und die überlappenden Kanten seitlich innerhalb der Nahtzugabe aufeinander nähen.

**15** Kissenvorderteil und Rückteil rechts auf rechts legen, aufeinander heften, dann mit dem Reißverschlussfuß entlang der Schnurpaspel zusammennähen.

**16** Die Ecken abschrägen. Kissen auf rechts wenden und bügeln. Das Inlettkissen einschieben.

## · SCHÄFCHEN ·

*Fertige Größe: 43 x 43 cm*

### MATERIAL

- 30 x 30 cm blauweiß gemusterter Stoff für die mittlere Kissenfläche
- 10 x 40 cm blaugrün karierter Stoffstreifen für die Ecken
- 20 x 30 cm rosaweiß gestreifter Stoff für die Umrandung
- 25 x 30 cm grüner Stoff für die Umrandung
- 18 x 25 cm Nessel für das Schäfchen
- Stoffreste für den Kopf, die Beine und die Blumen
- 25 x 60 cm Haftvlies
- 43 x 43 cm Nessel als Unterlegung
- 43 x 43 cm Volumenvlies
- 57 x 43 cm farblich passender Stoff für das Kissenrückteil
- 2 m Einziehkordel für die Schnurpaspel
- 2 m blauer Schrägstreifen, 40 mm breit
- Zwei grüne Knöpfe für die Augen
- Passendes Inlettkissen
- Braunes Stickgarn

### ZUSCHNEIDEN

**1** Für das Mittelstück des Kissens mit dem Schäfchen den blauweiß gemusterten Stoff 28 x 28 cm groß zuschneiden.

**2** Für die blaugrün karierten Ecken vier 9 x 9 cm große Quadrate zuschneiden.

**3** Für die rosaweiße Umrandung vier Streifen von 28 x 5 cm Größe zuschneiden.

**4** Weiterhin für die Umrandung acht grüne Streifen von 28 x 3 cm Größe zuschneiden.

**5** Entsprechend der Abbildung die passenden Vorlagen auf Seite 23 abpausen und Schablonen anfertigen.

**6** Die Schablonen mit der rechten Seite nach unten auf die Papierseite des Haftvlieses legen und den Umriss der Motivform in benötigter Anzahl aufzeichnen. Die Motive großzügig ausschneiden. Die Haftvlieszuschnitte auf die passenden Stoffteile (linke Stoffseite) aufbügeln. Die Motive exakt ausschneiden. Anschließend das Trägerpapier entfernen.

**7** Der Kissenbezug mit dem Schäfchen wird genauso gearbeitet wie der Bezug mit dem Schweinchen. Die Löckchen werden aus Garn gelegt und mit Kordonnierstichen (siehe Stickstiche) auf den Körper genäht.

Schaf-
beinchen
Blume für
Schäfchen
Apfel für Schweinchen
Körper des Schweinchens
Den Körper des
Schäfchens finden Sie
auf Seite 115.
Pfötchen

# · KÄTZCHEN-TASCHE ·

Mit einer so putzigen kleinen Katze im Schlepptau macht das Einkaufen gleich viel mehr Spaß. Wenn Sie für die Tasche ein Plastikfutter nähen, darf Mieze sogar mit zum Baden.

*Fertige Größe: 30,5 x 29,5 x 6 cm*

## MATERIAL

- 40 x 110 cm gelber, blau gepunkteter Stoff für die Tasche
- 40 x 110 cm kräftiger Baumwollstoff für das Futter
- 26 x 31 cm blauer, weiß gepunkteter Stoff für den Hintergrund
- 8 x 31 cm dunkel karierter Stoff für den Hintergund
- Stoffreste für die Applikationsmotive
- 30 cm Band, 4,5 cm breit, für den oberen Randstreifen
- 30 cm Band, 3 cm breit, für den unteren Randstreifen
- 10 x 72 cm kräftiger Stoff (oder 7 cm breites Gurtband) für die Henkel
- 25,5 x 30,5 cm aufbügelbare Vlieseline für den blauen weiß getupften Hintergrund
- Etwas Haftvlies

## ZUSCHNEIDEN

**1** Für den Bildhintergrund den blauen, weiß gepunkteten Stoff auf 30,5 x 25,5 cm schneiden.

**2** Den dunkel karierten Stoff auf 30,5 x 7,5 cm schneiden und ein Stück Haftvlies in der gleichen Größe.

**3** Für die Applikationsmotive entsprechend den Vorlagen auf Seite 26 Schablonen anfertigen. Beachten Sie auch auf Seite 108 „Herstellung von Schablonen".

**4** Die Schablonenformen mit der rechten Seite nach unten großzügig aus Haftvlies ausschneiden, auf die linke Seite der passenden Applikationsstoffe bügeln, dann exakt ausschneiden.

**5** Für die Tasche ein Vorder- und Rückteil von 39 x 37 cm Größe zuschneiden. In der gleichen Größe zwei Futterteile schneiden.

## NÄHEN

**1** Das dunkel karierte Stoffteil entlang der Unterkante auf den blauen, weiß gepunkteten Hintergrundstoff bügeln.

**2** Die Bänder kantenbündig an Ober- und Unterkante des Hintergrundes auflegen und festheften.

**3** Entsprechend der Abbildung das Kätzchen und die Blumen auf dem Hintergrundstoff arrangieren. Zuerst den Körper des Kätzchens, dann seine Fellzeichnung aufbügeln. Die Blumen so auflegen, dass der Stiel die Blätter und die Blüte das Stielende überlappt.

**4** Die aufbügelbare Vlieseline auf der Rückseite der Hintergrundfläche fixieren und abkühlen lassen.

**5** Im Satinstich alle Schnittkanten der Motivteile, die Übergangskante der Hintergrundstoffteile und die Innenkanten der Bänder applizieren. Schnäuzchen und Schnurrhaare ebenfalls im Satinstich andeuten.

**6** Eine Längskante (die Eingriffskante) des Taschenvorder- und rückteils 4,5 cm breit auf links einbügeln und wieder aufklappen.

**7** Das Katzenbild horizontal mittig auf der vorderen Taschenfläche, 4 cm unterhalb der Faltenbruchlinien, festheften; entlang den Außenkanten applizieren.

Bruchkante von Boden und Taschenteil
Bodennaht = Mittelnaht
Ecke abnähen
Darstellung: halbes Bodenteil

8 Beide Taschenteile rechts auf rechts aufeinander legen. Mit 1 cm Nahtzugabe die Seiten- und die Bodennaht zusammenheften, dann nähen. Nahtzugaben auseinander bügeln, die Eingriffskante wieder einbügeln.

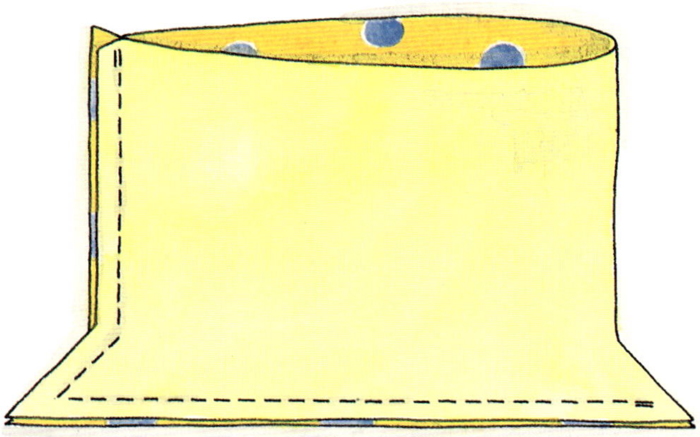

9 Für den Boden werden die Enden der Bodennaht so flach gedrückt, dass Boden- und Seitennaht aufeinander treffen. Die Ecke abnähen, wie es die Zeichnung der Vorlage zeigt.

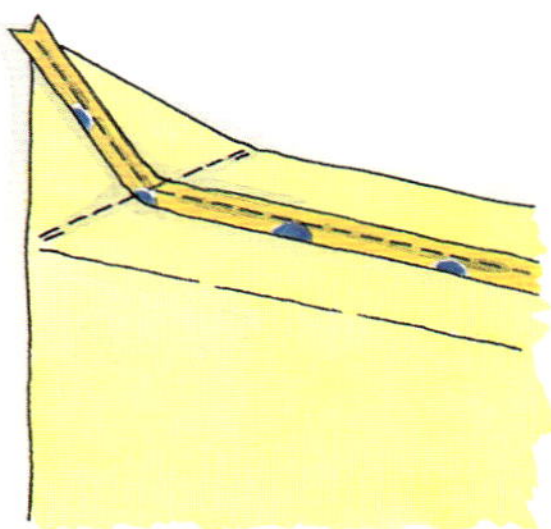

10 Mit dem Futterstoff die Schritte 8 und 9 wiederholen. Die Eingriffskanten 6 cm einbügeln.

11 Für die Tragegriffe den Stoff oder das Gurtband in zwei gleich lange Teile schneiden. Beim Stoff die Längskanten 1,5 cm breit einschlagen und links auf links hälftig bügeln. Das Gurtband auf links kantengleich falten. Alle Kanten knapp absteppen.

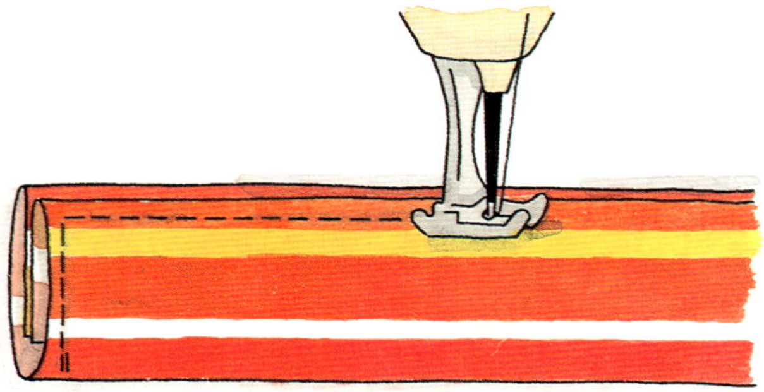

12 Die Enden der Tragegriffe 4 cm tief und in ca. 9 cm Abstand zu den Seitennähten auf der Innenseite an der Eingriffskante platzieren; festheften und ansteppen.

13 Das Futter links auf links in die Tasche schieben, dabei einen Abstand von 1,5 cm zur Eingriffskante halten und feststecken. Nähte und Ecken aufeinander passen. Das Futter mit Blindstichen annähen.

# · TISCHZELT ·

*Das fertige Zelt passt über einen quadratischen Tisch von 80 x 80 cm Größe und 71 cm Höhe. Größe und Höhe des Zelts können Sie individuell verändern.*

## MATERIAL

- 90 x 100 cm fester Nessel für drei Zeltwände
- 1 x 1 m fester, gelbweiß gestreifter Baumwollstoff für die Zeltwand mit Tür
- 85 x 85 cm fester, grünweiß karierter Baumwollstoff für das Dach
- 85 x 85 cm blauweiß gestreifter Stoff für die vordere Zeltwand
- 46 x 60 cm rotblau karierter Stoff für die Tür
- 15 x 60 cm weißer Stoff für die Fensterscheiben
- 13 x 100 cm gelbweißer Stoff für den Markisenvolant
- 10 x 85 cm grünweiß karierter Stoff für den Rasen
- 10 m Schrägstreifen, 4 cm breit, für die Einfassung
- 15 x 85 cm blauer Stoff für die Wasserfläche
- 30 x 25 cm grüner Stoff für den Fensterrahmen
- 5 x 40 cm grüner Stoff mit Streifenkaro für den Blumenkasten
- Stoffreste für die Applikationen und Stickgarn
- 3,6 m Band, ca. 1,5 cm breit, für die Bindebänder
- 25 cm schmales, weißes Band für den Strohballen
- 180 x 90 cm Haftvlies

## ZUSCHNEIDEN

1 Aus dem grünweiß karierten Stoff ein 82 x 82 cm großes Dach zuschneiden.

2 Aus dem Nessel schneiden Sie drei 82 x 73 cm große Zeltwände zu.

3 Für die Zeltwand mit Tür aus dem gelbweiß gestreiften Stoff zwei 46 x 73 cm große Rechtecke schneiden.

4 Für die vordere Zeltwand aus dem blauweiß gestreiften Stoff ein Rechteck von 82 x 73 cm schneiden.

5 Für den Rasen einen grünweiß karierten Stoffstreifen und einen Haftvliesstreifen von 82 x 10 cm schneiden.

6 Für die Wasserfläche einen blauen Stoffstreifen und einen Haftvliesstreifen von 82 x 14 cm schneiden.

7 Für den Blumenkasten aus dem grünen Stoff mit Streifenkaro ein 30 x 5 cm großes Rechteck schneiden.

8 Für den Fensterrahmen aus dem grünen Stoff ein Rechteck von 26 x 20 cm schneiden. Auf der linken Stoffseite 2,5 cm innerhalb der Schnittkanten rundum eine Linie einzeichnen. Das Mittelteil ausschneiden.

9 Für die Fenstervorhänge zwei rotweiß karierte Stoffrechtecke von 9 x 16 cm schneiden.

10 Für die Fensterscheiben einen weißen Stoffstreifen von 5 x 16 cm schneiden.

11 Für den Markisenvolant aus dem gelbweiß karierten Stoff einen Streifen von 82 x 12 cm schneiden. In der gleichen Größe einen Haftvliesstreifen zuschneiden.

12 Für die Tür den rotblau karierten Stoff auf zwei 23 x 60 cm große Rechtecke halbieren. In gleicher Größe zwei Haftvliesrechtecke schneiden.

13 Für die Fensterscheiben auf der Tür vier 10 x 10 cm große weiße Stoff- und Haftvliesquadrate schneiden.

14 Entsprechend den Vorlagen auf den Seiten 115, 116 und 117 Schablonen für die Applikationsmotive herstellen.

15 Die Schablonen mit der rechten Seite nach unten auf die Papierseite des Haftvlieses legen, die Umrisse aufzeichnen und die Formen großzügig ausschneiden. Das Haftvlies auf die linke Seite der passenden Applikationsstoffe bügeln. Beachten Sie auch auf Seite 110 „Applikationen mit Haftvlies". Die Motivformen exakt ausschneiden.

16 Das 3,7 m lange Band in acht gleich lange Stücke teilen. Den 10 m langen Schrägstreifen in vier gleich lange Stücke teilen.

## NÄHEN

Sofern nicht anders angegeben, arbeiten Sie grundsätzlich mit 5 mm Nahtzugabe.

1 Auf die linke Stoffseite des Markisenvolant-Zuschnitts den entsprechend großen Haftvliesstreifen aufbügeln. Entlang einer Längskante die Bogenform mit Hilfe der passenden Schablone auf das Trägerpapier zeichnen; die Bogenkante zuschneiden. Trägerpapier entfernen und den Volant auf die rechte Seite des blauweiß gestreiften Hintergrundstoffs bügeln; applizieren.

2 In gleicher Weise die Rasenfläche auf den Hintergrundstoff bügeln, und zwar 14 cm von der Unterkante entfernt. Dann die Wasserfläche direkt an die Kante der Rasenfläche legen und aufbügeln; über die Stoßkanten eine breite Satinstichnaht arbeiten, so dass diese nicht mehr sichtbar sind.

3 Die Außenkante des Fensterrahmens 1 cm breit einschlagen und bügeln. Den Rahmen horizontal ausgemittelt und 2 cm unterhalb des Markisenvolants auf den Hintergrundstoff stecken.

4 Die rotweiß karierten Vorhänge rechts auf rechts an die Längskanten des weißen Fensterscheiben-Zuschnitts stecken und nähen. Nahtzugaben zu den Vorhängen bügeln. Das Vorhang-Scheibenteil im Fensterrahmen platzieren, dabei die Schnittkanten unter den Fensterrahmen schieben. Die Innen- und Außenkante des Fensterrahmens heften, dann im Satinstich applizieren. Über die Verbindungsnähte von Vorhang und Fensterscheibe ebenfalls eine Applikationsnaht arbeiten.

5 Den Blumenkasten 5 cm unterhalb des Fensterrahmens mittig ausrichten und feststecken.

6 Das Blumenarrangement zusammenstellen. Die Stiele und Blätter teilweise unter den Blumenkasten schieben, die Blüten über das obere Ende der Stiele und teilweise über die Blätter legen. Alle Motivteile auf den Hintergrundstoff bügeln. Mit breiten Satinstichen die Stoffkanten applizieren. Auf jede gelbe Blütenmitte eine Spirale im Satinstich arbeiten.

7 Das Huhn und die Küken auf dem Hintergrundstoff anordnen und aufbügeln; im Satinstich entlang den Schnittkanten applizieren. Für die Augen einen Knötchenstich arbeiten (siehe Stickstiche auf Seite 114).

8 Den Strohballen auflegen und aufbügeln. Das schmale, weiße Band mittig über Kreuz auf den Strohballen legen und aufsteppen. Mit Satinstichen die Schnittkanten des Strohballens applizieren.

9 Den Katzenkörper entlang der Oberkante des Strohballens auflegen und das Fellmuster anpassen. Den Kopf der Katze mit der Fellzeichnung auf dem Körper platzieren, dann das Motiv aufbügeln. Körper, Kopf und Fellstreifen mit Satinstichen applizieren; ebenso die hintere Beinkontur ausarbeiten. Augen, Gesichtszüge und Barthaare aufsticken.

10 Das Kaninchen, die Ente, die Entenküken, den Vogel im Nest, die Bienen und die Schmetterlinge anordnen, aufbügeln und im Satinstich applizieren.

11 Ein 82 x 73 cm großes Nesselrechteck mit der rechten Seite nach unten auf einer glatten Unterlage ausbreiten. Das Bildteil mit der rechten Seite nach oben kantenbündig darüber legen. Beide Lagen aufeinander stecken und auf 80 x 72 cm Größe zuschneiden. Die Ecken an der Unterkante abrunden. An jeder Seitenkante, 35 cm von der Oberkante entfernt, ein Bindeband feststecken.

12 Seitenkanten und Unterkante der vorderen Zeltwand einfassen: Beide Längskanten eines Einfassungsstreifens einbügeln, dann den Streifen der Länge nach so zur Hälfte falten, dass die eingeschlagenen Kanten innen liegen. Bügeln. Den Streifen über die seitlichen Schnittkanten und die Unterkante der vorderen Zeltwand schieben. An den Ecken den Streifen etwas ein-

halten um eine schöne Rundung zu erhalten. Aufheften und knappkantig aufsteppen.

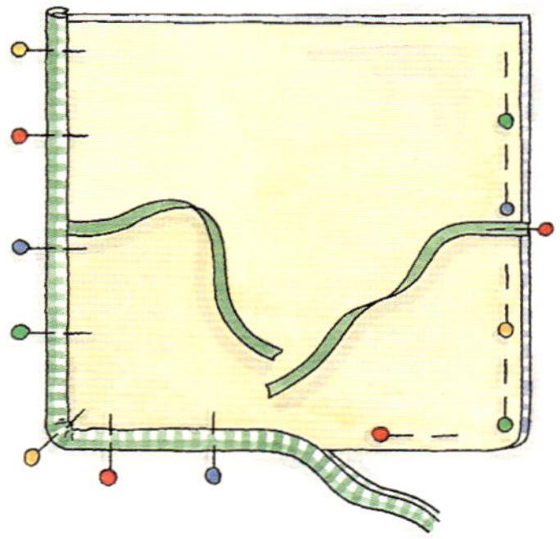

**13** Bei den Zuschnittteilen für die Tür das Haftvlies auf die linke Stoffseite aufbügeln. Entsprechend der Abbildung die beiden Türhälften mit der rechten Seite nach oben auf die rechte Seite der beiden gelbweiß gestreiften Hintergrundstoffe legen; die Unterkanten und die Verschlusskanten kantenbündig aufbügeln. Mit breiten Satinstichen die Türoberkante und Außenkante applizieren.

**14** Auf jeden Türflügel zwei Fensterquadrate auflegen und aufbügeln. Mit Satinstich applizieren.

**15** Auf die gleiche Weise den Türknauf und die Milchflasche auf einer Türhälfte fixieren.

**16** Die Verschlusskanten der Zeltwand mit Tür 5 mm einschlagen und erneut 2,5 cm umschlagen. Bügeln

und heften. Einschlag und Umschlagkante knappkantig absteppen.

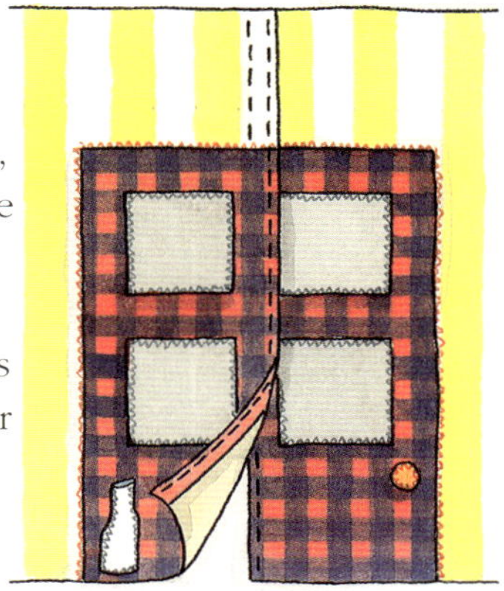

**17** Nun die linke Eingangshälfte so weit über die rechte Hälfte schieben, dass sich eine Gesamtbreite von 80 cm ergibt. Die überlappenden Teile ab der Zeltwandoberkante bis zur Türoberkante mit einer doppelten Naht schließen und direkt über der Tür die Naht gut sichern. Ab der Unterkante 72 cm nach oben abmessen und den Überstand abschneiden.

**18** Die Bindebänder wie bei der vorderen Zeltwand aufstecken, dann die Seitenkanten und die Unterkante mit einem Einfassungsstreifen versäubern, wie in Schritt 12 beschrieben.

**19** Zum Fertigstellen des Zeltes die beiden letzten Zeltwände aus Nessel auf 80 cm Breite und 72 cm Höhe zurechtschneiden. Bindebänder auflegen und die Seiten mit einem Einfassungsstreifen versäubern, wie in Punkt 12 beschrieben.

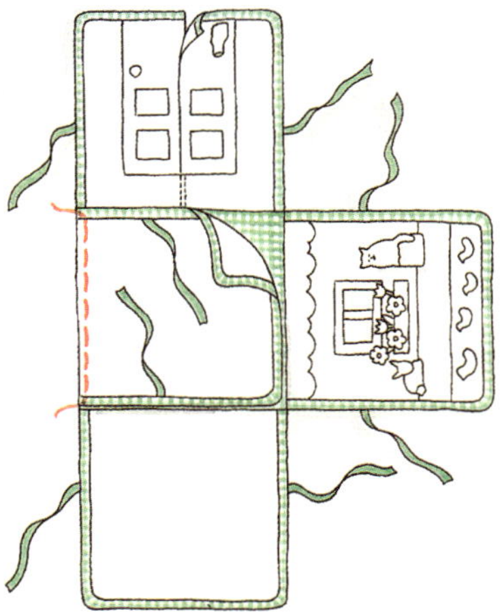

**20** Die Oberkante der vorderen Zeltwand rechts auf rechts mit 1 cm Nahtzugabe auf das grünweiß karierte Stoffquadrat für das Dach nähen. Nahtzugaben versäubern. Das Wandteil mit der Tür und die beiden anderen Zeltwände ebenso an die Dachfläche nähen.

**21** Verstärken Sie alle Ecknähte mit einem Nahtdreieck

# · HÄSCHEN-HANDPUPPE ·

Es muss nicht immer der Kasper sein, auch für kleine Hasen ist das Leben voller Abenteuer. Kinder denken sich gern Geschichten aus und mit Handpuppen wird daraus ein tolles Spiel.

*Fertige Größe: ca. 30 cm*

## MATERIAL

- Baumwollreste für Kopf, Pfoten, Ohren und Weste
- 21 cm karierter Stoff für den Körper
- 1 m Schrägstreifen, 2,5 cm breit
- Etwas aufbügelbare Vlieseline für schwere Gewebe
- Zwei Knöpfe für die Augen
- Zwei Knöpfe für das Westchen
- Stickgarn und Haftvliesreste

## ZUSCHNEIDEN

**1** Die Vorlagen auf den Seiten 118 und 119 abpausen und Schablonen herstellen. Körperteile und Westenrückteil im Stoffbruch zuschneiden. Die restlichen Schablonen in doppelter Stofflage paarweise ausschneiden.

**2** Die Vlieseline doppelt legen. Kopf-, Ohren- und Pfotenschablonen aufzeichnen; die benötigte Anzahl ausschneiden und auf die linke Seite der entsprechenden Stoffzuschnitte bügeln.

**3** Schablonen für Innenohr und Pfoteninnenseite einmal mit der rechten, dann mit der linken Seite nach unten auf die Papierseite des Haftvlieses legen; die Nase beliebig auflegen. Umriss zeichnen und großzügig ausschneiden. Haftvliesformen auf die linke Seite der Stoffreste bügeln und exakt ausschneiden.

## NÄHEN

**1** Zuerst den Einfassungsstreifen des Westchens vorbereiten. Eine 5 mm breite Nahtzugabe entlang den langen Seiten einbügeln, dann den Streifen der Länge nach links auf links kantenbündig falten und bügeln.

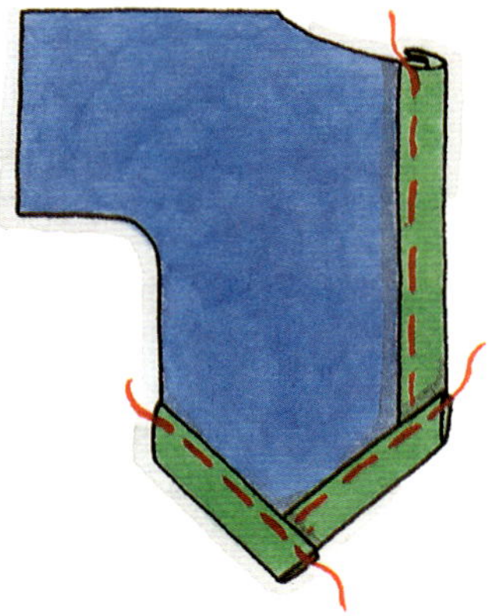

**2** Einfassung über die Vorderkanten des Westchens schieben und auf die passende Länge schneiden; heften und festnähen. Die Unterkanten des Westchens einfassen; dabei die Enden 5 mm breit einschlagen. Zuletzt die Unterkante des Rückteils einfassen. Auf das rechte Westenvorderteil eine Taschenleiste aus Schrägstreifen gefaltet aufnähen. Halsausschnitt versäubern und Knöpfe annähen. Für sehr kleine Kinder die Augen applizieren oder sticken.

**3** Vorderteile rechts auf rechts auf das Rückteil legen. Die Schulternähte mit 5 mm Nahtzugabe schließen. Die Ärmelsaumkanten wie unter Schritt 2 einfassen, dann die beiden Seitennähte schließen.

**4** Beim Häschen die Innenohren auf die rechte Seite der Ohrenvorderteile aufbügeln, die Pfoteninnenseiten auf die Pfotenvorderteile. Nase entsprechend der Vorlage platzieren. Schnittkanten im schmalen Satinstich applizieren.

**5** Die Ohrenpaare rechts auf rechts legen, heften und mit einer schmalen Nahtzugabe verstürzen; Unterkante zum Wenden offen lassen. An der Rundung die Nahtzugabe mit der Schere vorsichtig bis an die Naht einkerben. Wenden.

6 Entsprechend der Vorlage die Gesichtszüge auf die Vorderseite des Kopfes sticken, Schnurrhaare und Mund mit Stielstichen arbeiten (siehe Stickstiche auf Seite 114). Knöpfe als Augen aufnähen.

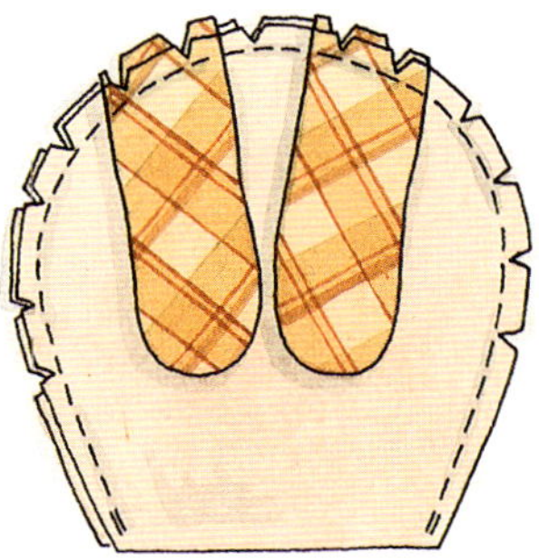

7 Die Ohren mit dem Vorderteil nach unten kantenbündig auf die rechte Seite des Gesichts legen; die Ohrenspitzen weisen zur Halskante. Das Kopfrückteil rechts auf rechts auf das Kopfvorderteil legen und verstürzen; die Ohren in der Naht mitfassen und die Halskante zum Wenden offen lassen. Die Nahtzugabe entlang der Rundung vorsichtig bis knapp zur Naht einkerben. Wenden und bügeln.

8 Die Pfotenvorderteile rechts auf rechts auf die Pfotenrückteile legen und verstürzen; die Unterkante zum Wenden offen lassen. Nahtzugaben zurückschneiden und Teile auf rechts wenden.

9 Die Körperteile entlang den Seiten- und Schulterkanten rechts auf rechts legen, stecken oder heften und mit 5 mm Nahtzugabe schließen; Ärmelsaumkanten, Halskanten und Körperunterkante offen lassen. Die Nahtzugaben an den Rundungen bis knapp zur Nahtlinie hin vorsichtig einkerben, das macht die Form flexibler.

10 Den Kopf rechts auf rechts in den Körper schieben und – die Halskanten bündig – zusammenheften und steppen. Achten Sie darauf, dass das Gesicht des Häschens auf dem Körper-Vorderteil liegt. Zur Sicherheit eine Doppelnaht arbeiten. Die Nahtzugaben zusammen versäubern.

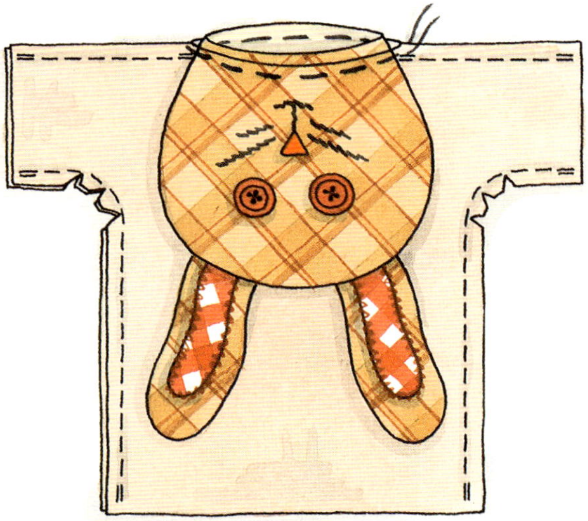

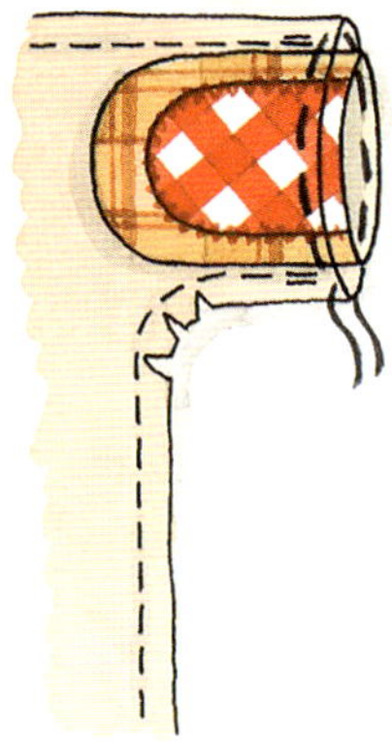

11 Die beiden Pfoten auf die gleiche Weise an die Armkanten nähen.

12 Den Körper wenden. Die Unterkante mit einem 2,5 cm breiten Schrägstreifen einfassen. Das Westchen überziehen und mit Handstichen an der Schulternaht befestigen.

# · STOFFPUPPE ·

So eine mit Liebe genähte Stoffpuppe ist oft ein vertrauter Gefährte durch alle Kinderjahre. Mit einigen lustigen Stoffresten, etwas Wolle und ein paar bunten Knöpfen ist sie in null Komma nichts fertig gestellt.

*Fertige Größe: ca. 25 cm*

## MATERIAL

- 25 x 50 cm Nessel für den Puppenkörper
- Stoffreste für die Kleidung
- Etwas Polyester-Füllwatte
- Zwei Stränge gelbe Gobelinwolle für das Haar
- Zwei kleine Knöpfe für die Augen
- Drei kleine Knöpfe für das Kleid

## ZUSCHNEIDEN

**1** Die Vorlagen von Seite 120 abpausen und Schablonen anfertigen.

**2** Die Körper- und Kopf-Schablone einmal mit der rechten Seite und einmal mit der linken Seite nach oben auf den Nesselstoff legen; die Umrisse aufzeichnen und Vorder- und Rückteil zuschneiden.

**3** Hosen- und Kleid-Schablone ebenso handhaben und zweimal aus Stoffresten zuschneiden. Den Kragen zweimal in doppelter Stofflage ausschneiden.

**4** Zwei 17 cm lange und 2,5 cm breite Streifen für die Bordüre des Kleides zuschneiden.

## NÄHEN

**1** Beide Körperteile rechts auf rechts kantenbündig mit 5 mm Nahtzugabe zusammennähen; am Halsansatz eine Öffnung lassen.

**2** Nahtzugaben unter dem Arm und am Schritt einschneiden. Den Körper durch die Halsöffnung wenden.

**3** Die Beine ausstopfen. Um diese beweglich zu halten oberhalb des Schritts eine Steppnaht von einer Seitennaht zur anderen arbeiten.

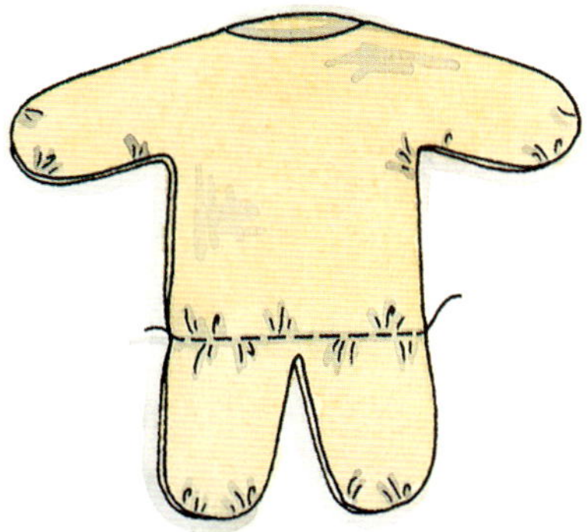

**4** Körper und Arme ausstopfen.

**5** An der Halsöffnung 5 mm Nahtzugabe einschlagen und die Öffnung mit Überwendlichstichen schließen.

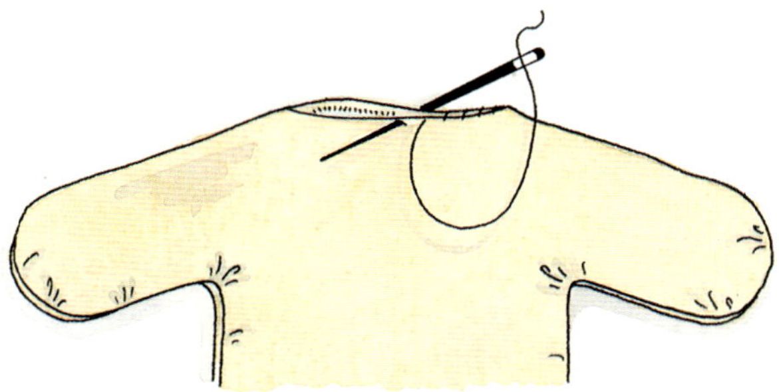

**6** Vorder- und Rückteil der Hose rechts auf rechts heften und mit 5 mm Nahtzugabe entlang den Seiten und um die Beinmittellinie herumnähen; letztere einschneiden. Kanten versäubern, Nähte bügeln und die Hose auf rechts wenden.

**7** Die Hosensaumkanten und die Bundkante 5 mm breit einschlagen und festnähen. Um den Bund Reihstiche arbeiten; die Fadenenden stehen lassen.

**8** Die Hose über den Körper ziehen und die Reihfäden um die Körpertaille festziehen. Enden sichern.

9 Für das Kleid die Längskanten der Bordürenstreifen 5 mm breit einschlagen und bügeln. Entsprechend der Abbildung platzieren Sie die Bordüre im Abstand von 2,5 cm zur Saumkante auf dem Kleidvorder- und -rückteil. Nähen Sie die Bordüre mit Blindstichen auf.

10 Kleidvorder- und -rückteil rechts auf rechts legen. Ärmel-, Seiten- und Schulternähte mit 5 mm Nahtzugabe schließen. Nahtzugaben versäubern und bügeln. An Ärmel- und Kleidunterkante einen 5 mm breiten Saum arbeiten.

11 Mit Kreidestift den Mund und die Nase auf das vordere Kopfteil zeichnen. Die herzförmigen Wangen aus rotem Stoff schneiden und applizieren.

12 Die Teile für den Kopf rechts auf rechts kantenbündig aufeinander legen. Mit 5 mm Nahtzugabe heften und nähen; dabei eine 4 cm breite Halsöffnung stehen lassen. Nahtzugaben entlang den Rundungen vorsichtig einkerben. Kopf wenden und bügeln.

13 Nach der Abbildung die beiden Knöpfe als Augen aufnähen.

14 Die Stirnfransen sind aus gelber Gobelinwolle und werden im Spannstich, wie die Abbildung zeigt, auf den Kopf gestickt. Die restliche Wolle in etwa 40 cm lange Stücke schneiden; die Anzahl muss durch drei teilbar sein. Die Wollfäden ausmitteln; mittig auf dem Hinterkopf, etwa 3/4 des Hinterkopfes abdeckend, untereinander platzieren und aufnähen. Beginnen Sie auf der Kopfnaht in Ohrhöhe und nähen Sie so in Richtung Nacken, dass Sie schrägverlaufende Nahtlinien erhalten. Die herabhängenden

Wollfäden zu Zöpfen flechten und die Enden mit einer Schleife abbinden.

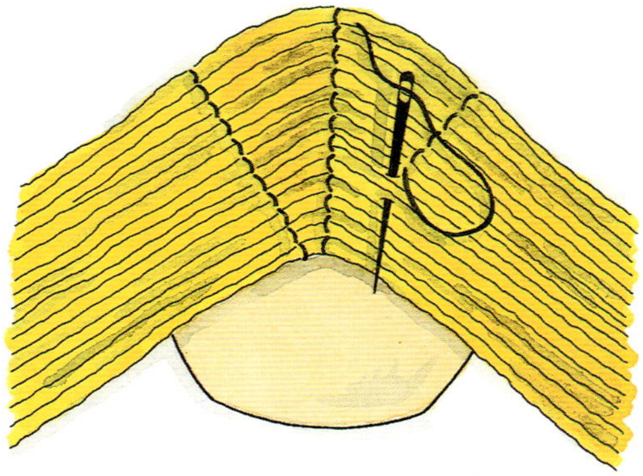

15 Den Kopf so fest wie möglich ausstopfen. Die Halskante 5 mm breit einschlagen und den Kopf auf den Körper stecken.

16 Bevor Sie den Kragen annähen, versäubern Sie die Kanten. Nähen Sie die Halsausschnittkanten mit 5 mm Einschlag auf die Halsnaht.

17 Nun zwei Knöpfe in die vordere Kleidmitte nähen und einen mittig auf dem Kragen platzieren.

• *Das* •

# KINDERZIMMER

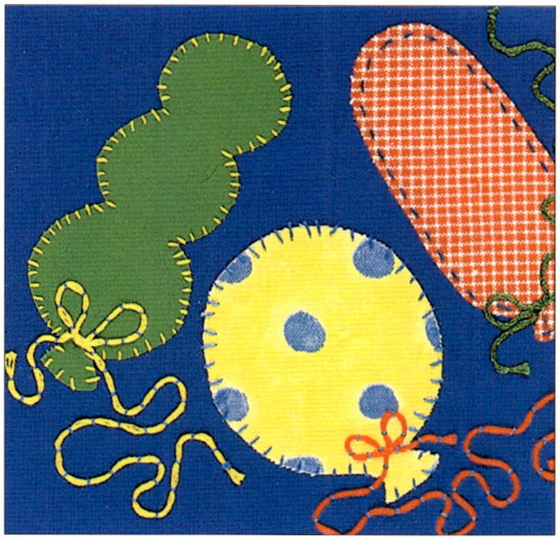

# · SPIELDECKE ·

Kuschelweich und farbenfroh ist Babys erste Spieldecke. Beim Krabbeln gibt es viel zu sehen – bunte Blumen, eine unternehmungslustige Entenfamilie und Mutter Huhn mit ihren Küken.

***Fertige Größe: 120 x 120 cm***

## MATERIAL

- 50 x 120 cm roter Stoff für das Schachbrettmuster und die Tulpen
- 35 x 120 cm rotweiß karierter Stoff für das Schachbrettmuster
- 33 x 80 cm einfarbig blauer Stoff für die breiten Randstreifen
- 33 x 80 cm grüner, weiß gepunkteter Stoff für die breiten Randstreifen
- 20 x 41 cm gelbweiß karierter Stoff für die Rand-Eckquadrate
- 20 x 41 cm blauweiß karierter Stoff für die Rand-Eckquadrate
- 14 x 70 cm einfarbiger gelber Stoff für die Umrandung des Mittelteils
- 28 x 122 cm roter, weiß gepunkteter Stoff für die Einfassung
- Cremefarbene Stoffreste für die Ente
- Stoffreste für Details der Tiere
- 10 x 10 cm große Stoffreste für die Blumen, die Küken und das Huhn; 10 x 15 cm für die Blätter
- 1,2 x 1,2 m Volumenvlies als Füllung
- 1,2 x 1,2 m Stoff für das Rückteil
- Haftvlies und Stickvlies zum Applizieren.

## ZUSCHNEIDEN

**1** Für das Mittelteil 13 rote und zwölf rotweiß karierte Quadrate von 16,5 cm Kantenlänge schneiden.

**2** Für die schmale Umrandung des Mittelteils vom gelben Stoff vier Streifen von 3,5 cm Breite schneiden: zwei 81,5 cm und zwei 85,5 cm lang.

**3** Für die blauen und grünen Randstreifen je zwei Streifen von 16,5 x 85,5 cm schneiden.

**4** Für die Applikation die Vogelvorlagen auf Seite 41 und die Blumenvorlagen auf Seite 121 abpausen und Schablonen anfertigen.

**5** Die Schablonen mit der rechten Seite nach unten auf die Papierseite des Haftvlieses legen, die Umrisse in erforderlicher Anzahl aufzeichnen und großzügig ausschneiden.

**6** Für die Rand-Eckquadrate zwei 17 x 17 cm große Quadrate aus dem gelbweiß karierten und dem blauweiß karierten Stoff schneiden. Stoffquadrate diagonal falten, bügeln und in zwei Dreiecke schneiden.

**7** Den roten, weiß gepunkteten Stoff für die Einfassung in vier Streifen von 7 cm Breite schneiden: zwei 116,5 cm und zwei 121,5 cm lang.

## NÄHEN

Arbeiten Sie grundsätzlich mit 5 mm Nahtzugabe.

**1** Für das Mittelteil im Schachbrettmuster die roten und rotweiß karierten Quadrate abwechselnd rechts auf rechts zu Reihen mit fünf Quadraten nähen; dann die Reihen aneinander nähen. Die Nahtzugaben immer in eine Richtung bügeln.

**2** Einen kurzen gelben Streifen rechts auf rechts kantenbündig an eine Kante des Mittelteils nähen, den anderen kurzen Streifen an die gegenüberliegende Kante steppen.

Die beiden langen gelben Streifen an die noch freien Kanten des Mittelteils nähen; die bereits angenähten Streifen am Ende mitfassen. Nahtzugaben nach außen bügeln.

3 Um die Randstreifen anzufertigen, bügeln Sie die Haftvlieszuschnitte auf die linke Seite der passenden Applikationsstoffe. Schneiden Sie die Motivformen exakt aus.

4 Entsprechend der Abbildung die Figuren auf den einzelnen Randstreifen anordnen und aufbügeln. Stickvlies unterhalb der Motive platzieren.

5 Alle Teile mit Satinstichen applizieren.

6 Die beiden Bordüren mit dem Blumenmuster an zwei sich gegenüberliegende Kanten des Mittelteils stecken und annähen. Nahtzugaben nach außen bügeln.

7 Für die Rand-Eckquadrate ein gelbweiß kariertes und ein blauweiß kariertes Dreieck entlang den langen Kanten zusammennähen; die Nahtzugaben zum blauen Teil bügeln. Überstehende Spitzen abschneiden.

8 An jede Schmalseite der Randstreifen mit den Vogelmotiven ein Eckquadrat rechts auf rechts stecken und nähen. Die Nahtzugaben nach außen bügeln.

9 Beide Randstreifen rechts auf rechts an die noch freien Kanten der gelben Umrandung stecken und nähen; auch über die vorherigen Randstreifen nähen. Wie zuvor bügeln. Die Eckpunkte der applizierten Randstreifen, der gelben Umrandung und der Rand-Eckquadrate treffen exakt aufeinander.

10 Den Rückteilstoff, mit der linken Seite nach oben, auf einer glatten Fläche ausbreiten, das Volumenvlies kantenbündig darauf platzieren. Das Oberteil mit der Bildseite nach oben auf den zwei Lagen ausmitteln.

11 Die drei Lagen zuerst zusammenstecken, dann mit horizontalen, vertikalen und diagonalen Linien aufeinander heften.

12 Mit der Nähmaschine genau in der Nahtrille der gelben Umrandung und des Mittelteils Steppnähte arbeiten.

13 Ebenso mit der Maschine in der Nahtrille der blauen und grünen Randstreifen und der gelben Umrandung steppen.

14 An beiden Längskanten der Streifen für die Einfassung 5 mm Nahtzugabe umbügeln. Die Einfassung längs zur Hälfte falten und bügeln, dann wieder auffalten.

15 Eine Längskante der kurzen Einfassungsstreifen rechts auf rechts an zwei sich gegenüberliegende Kanten des Oberteils stecken und durch alle Lagen hindurch aufsteppen. Die losen Kanten zum Rückteil legen, einschlagen und mit Blindstichen auf die Steppnaht nähen.

16 Die Schmalkanten der langen Einfassungsstreifen 1 cm breit einschlagen und mit einer Längskante an die restlichen zwei noch unversäuberten Oberteilkanten nähen; ebenfalls über die Schmalseiten der kurzen Einfassungsstreifen nähen. Lose Kante zum Rückteil legen, Kante einschlagen und mit Blindstichen auf die Steppnaht nähen.

*Margerite und Tulpe finden Sie auf Seite 121.*

# · KINDERWAGENDECKE ·

Mit diesem bezaubernden Patchwork-Quilt machen Sie und Ihr kleiner Liebling bei jeder Spazierfahrt Staat. Der Quilt hält nicht nur die ersten kalten Herbstwinde ab, er ist auch ideal als Spieldecke oder als Zudecke im Autokindersitz.

*Fertige Größe: 69 x 89 cm*

## MATERIAL

- 50 x 120 cm roter Stoff für die Umrandung und Einfassung
- 25 x 120 cm blauer Stoff für die Umrandung
- 10 x 120 cm gelber Stoff für die Umrandung
- 15 x 120 cm grüner Stoff für die Umrandung
- 15 x 120 cm grünweiß karierter Stoff für den breiten Randstreifen und die Randecken
- 10 x 120 cm orangeweiß gestreifter Stoff für den breiten Rand
- 15 x 46 cm grüner, weiß gepunkteter Stoff für die Hintergrundquadrate
- 15 x 46 cm blauer, weiß gepunkteter Stoff für die Hintergrundquadrate
- Stoffreste für die Applikationsmotive
- 69 x 89 cm Baumwollstoff für das Rückteil
- 69 x 89 cm Volumenvlies
- 20 x 90 cm Haftvlies
- Stickgarn und etwas Stickvlies

## ZUSCHNEIDEN

**1** Für das Mittelteil 14 x 14 cm große Quadrate schneiden: drei aus blauem, weiß gepunktetem und drei aus grünem, weiß gepunktetem Stoff.

**2** Für die gelbe und rote Blockumrandung 3,5 cm breite Streifen schneiden: je sechs 14 cm und 19 cm lang.

**3** Für die blaue und grüne Umrandung 3,5 cm breite Streifen schneiden: je sechs 19 cm und 24 cm lang.

**4** Für die rote Umrandung des ganzen Mittelteils 4 cm breite Streifen zuschneiden: zwei 47 cm und zwei 76 cm lang.

**5** Für den breiten gestreiften Rand Streifen von 34 x 4 cm schneiden: zwei aus grünweiß kariertem, zwei aus orangeweiß gestreiftem und zwei aus blauem Stoff.

**6** Außerdem Streifen von 56 x 4 cm schneiden: zwei aus grünweiß kariertem Stoff, zwei aus orangeweiß gestreiftem und zwei aus blauem Stoff.

**7** Für die Randecken Rechtecke von 8,5 x 7,5 cm schneiden: zwei aus gelbem und zwei aus grünweiß kariertem Stoff.

**8** Entsprechend den Vorlagen auf den Seiten 45, 121 und 122 Schablonen anfertigen. Diese, aber nicht das Sonnengesicht, mit der rechten Seite nach unten auf die Papierseite des Haftvlieses legen. Die Umrisse aufzeichnen und großzügig ausschneiden.

**9** Die Haftvliesausschnitte auf die linke Seite der Applikationsstoffe bügeln. Jede Motivform exakt zuschneiden und das Trägerpapier von der Rückseite abziehen.

**10** Für die Einfassung zwei rote Stoffstreifen von 112 x 6,5 cm und einen von 76 x 6,5 cm schneiden.

## NÄHEN

Sofern nicht anders angegeben, arbeiten Sie grundsätzlich mit 5 mm Nahtzugabe.

1 Bevor Sie mit dem Applizieren beginnen, beachten Sie auch auf Seite 110 „Applikationen mit Haftvlies“. Den Hasen auf dem grünen, weiß getupften Hintergrundstoff ausmitteln. Danach Kopf und Ohren entfernen und den Körper aufbügeln. Den Körper, die Pfoten und Hinterbein-Innenkontur mit Satinstichen applizieren.

2 Den Hasenkopf und die Innenohren aufbügeln und applizieren. Schnauze und Schnurrhaare mit doppeltem Faden im Stielstich aufsticken. Die Augen aufbügeln und mit einem einzelnen Knötchenstich in der Mitte befestigen (siehe Stickstiche auf Seite 114). Zuletzt den Schwanz am Körper aufbügeln und applizieren.

3 Für den Schmetterling zuerst die Flügel, darauf den Körper und zuletzt das Flügelmuster auf dem blauen, weiß getupften Hintergrundstoff anordnen, aufbügeln und applizieren. Mit Kreidestift die Fühler aufzeichnen und im Satinstich aufsticken.

4 Für die Sonne den Strahlenkranz auf den Hintergrundstoff aufbügeln und entlang den Außenkanten im Satinstich applizieren.

5 Beim Sonnengesicht rundum 3 mm Nahtzugabe einschlagen und die Kante mit Saumstichen auf den Strahlenkranz nähen. Nase und Mund der Sonne mit 3-fädigem Sticktwist im Stielstich aufsticken. Die Augen und die herzförmigen Wangen aufbügeln und mit Satinstichen applizieren. Entlang der Gesichtskante mit 2-fädigem Sticktwist eine Ziernaht aus kleinen Vorstichen arbeiten.

6 Entsprechend der Abbildung alle Motivteile der Gießkanne anordnen. Nahtzugaben beider Henkelformen und die der Tülle unter die Kanne schieben und feststecken. Das Kannenteil wieder wegnehmen, dann die Henkel und die Tülle auf den Hintergrund bügeln. Mit Satinstichen die Außenkanten bis zu den Verbindungspunkten applizieren.

7 Das Kannenteil wieder so auflegen, dass alle Nahtzugaben bedeckt sind, und aufbügeln.

*Die restlichen Motive finden Sie auf den Seiten 121 und 122.*

8 Alle Teile des Vogelmotivs auf dem grünen, weiß getupften Hintergrundstoff anordnen: Zuerst den Körper auflegen, dann die Beine unter den Körper schieben; die Füße über die Beine legen und zuletzt den Schnabel vorn am Kopf unterschieben. Vorsichtig den Vogelkörper wegnehmen, die verbliebenen Teile aufbügeln und mit Satinstichen applizieren; dabei die Verbindungskanten zum Körper offen lassen.

9 Den Vogelkörper wieder so auflegen, dass die Nahtzugaben des Schnabels und der Beine bedeckt sind. Den Flügel und das Auge auf dem Körper durch Aufbügeln fixieren und die Teile applizieren.

10 Für die Topfblume die Motivteile auf dem Hintergrundstoff arrangieren: den Topfrand auf dem Topf und den Stiel unter dem Topfrand platzieren; die Tulpenblüte über den Stiel schieben. Die Blätter am Stiel anlegen. Den Topf entfernen und die verbliebenen Teile aufbügeln und mit Satinstichen applizieren.

11 Den Topf auflegen, aufbügeln, dann die Seiten, die Bodenkante und den Topfrand applizieren.

12 Für die Umrandung eine Längskante der roten, 14 cm langen Streifen rechts auf rechts auf die obere und untere Bildkante der grünen, weiß getupften Blöcke stecken und nähen. Die Nahtzugaben auf die roten Streifen bügeln.

13 Die 19 cm langen Streifen entlang einer Längskante an die Bildseitenkanten und über die Schmalenden der kurzen Streifen nähen.

14 Die drei blauen, weiß getupften Blöcke mit den gelben Stoffstreifen wie unter Schritt 12 und 13 beschrieben umranden.

15 In gleicher Weise die blauen Stoffstreifen an die rote Umrandung und die grünen Stoffstreifen an die gelbe Umrandung nähen.

16 Die umrandeten Blockquadrate rechts auf rechts so aufeinander stecken, dass der Hase auf dem Schmetterling, die Sonne auf der Gießkanne und der Vogel auf der Tulpe liegt. Kanten absteppen und die Nahtzugaben auseinander bügeln.

17 Die Unterkante des Hasen- und Schmetterlingteils rechts auf rechts an die Oberkante des Sonnen- und Gießkannenteils stecken und nähen. Die Oberkante des Vogel- und Tulpenteils wiederum an die Unterkante des Sonnen- und Gießkannenteils nähen. Alle Nahtzugaben auseinander bügeln.

18 Zur Umrandung des Mittelteils eine Längskante der 47 cm langen Streifen rechts auf rechts und kantenbündig an Ober- und Unterkante des Mittelteils aufstecken und nähen.

19 Die beiden roten, 76 cm langen Streifen an die Seitenkanten und über die Schmalseiten der kurzen Streifen nähen. Die Nahtzugaben nach außen bügeln.

20 Für den breiten gestreiften Rand zuerst drei der 4 x 34 cm großen Streifen an den Längskanten zusammennähen, und zwar abwechselnd: einen orangegelb gestreiften, einen blauen und einen grünweiß karierten. Achten Sie auf eine gleichmäßig breite Nahtzugabe. Die Nahtzugaben auseinander bügeln. In gleicher Weise ein zweites gestreiftes Stoffrechteck zusammennähen.

21 Zwei weitere gestreifte Stoffrechtecke aus den sechs 56 cm langen und 4 cm breiten Streifen nähen – in der gleichen Farbfolge wie in Schritt 20 beschrieben.

22 Nun die beiden 34 cm langen Streifenrechtecke quer in sechs 5,5 cm breite, dreifarbige Abschnitte schneiden.

23 Diese Rechtecke drehen und entlang ihrer Ober- bzw. Unterkante so aneinander nähen, dass ein Randstreifen mit 18 Streifen entsteht. Die letzten beiden Streifen abtrennen und den 17. Streifen durch einen 1 cm breiteren Streifen ersetzen. Ein zweites Streifenrechteck in gleicher Weise anfertigen.

24 Die beiden 56 cm langen Streifenrechtecke quer in acht 7 cm breite, dreifarbige Abschnitte schneiden. Die Rechtecke drehen, rechts auf rechts aufeinander legen, dann nacheinander neu zusammennähen, so dass ein Randstreifen mit 24 Streifen entsteht. Den letzten Streifen wieder abtrennen, so dass 23 Streifen übrig sind. Die Nahtzugaben auseinander bügeln.

25 Die beiden schmaleren Randstreifen an Ober- und Unterkante des Mittelteils auf die rote Umrandung nähen. Nahtzugaben zur roten Umrandung bügeln.

26 Für die Randecken jedes der 8,5 x 7,5 cm großen Rechtecke diagonal in zwei Dreiecke teilen. Je ein gelbes und ein grünweiß kariertes Dreieck an den langen Kanten aufeinander stecken und nähen. Ebenso die drei übrigen Eck-Rechtecke schneiden und nähen. Überstehende Spitzen abschneiden und bügeln.

27 Die Randecken rechts auf rechts an die Schmalkanten der beiden breiteren Randstreifen stecken und nähen. Die Nahtzugaben nach außen bügeln. Die Randstreifen seitlich am Mittelteil auf die rote Umrandung stecken und nähen; zuvor ausmitteln und die Länge eventuell korrigieren.

28 Den Rückteilstoff mit der rechten Seite nach unten auf einer glatten Fläche ausbreiten. Volumenvlies kantenbündig darauf legen und darüber das Patchwork-Oberteil, rechte Seite oben, genau in der Mitte platzieren. Die drei Lagen in horizontalen, vertikalen und diagonalen Linien aufeinander heften.

29 Die drei roten Einfassungsstreifen an den Schmalkanten zusammennähen und die Nahtzugaben auseinander bügeln. Die langen Kanten einbügeln. Den Streifen längsseits zur Hälfte falten, erneut bügeln und wieder aufklappen. An einem Ende 5 mm Nahtzugabe einschlagen und bügeln.

30 Den Einfassungsstreifen mit dem schmalseitig eingebügelten Ende rechts auf rechts an einer Kante des Oberteils anlegen. Der zuvor eingebügelte mittlere Faltenbruch zeigt zur Mitte des Quilts. Den Einfassungsstreifen durch alle Lagen hindurch aufnähen. In den Ecken erhält die Einfassung später eine diagonale Naht, wie auf Seite 111 beschrieben.

31 Den Quilt rundum einfassen. Anfang und Ende der Einfassung 2,5 cm überlappen lassen. Die lose Längskante zum Quiltrückteil legen, einschlagen. Mit Saumstichen auf der vorherigen Steppnaht befestigen. An den Ecken die diagonalen Falten einlegen und die Nähte mit Handstichen schließen.

32 Die Applikationsmotive mit ca. 3 mm Abstand zu den Motiven von Hand umquilten. Maschinell oder ebenfalls mit der Hand in den Nahtrillen des roten Umrandungsstreifens durch alle Lagen nähen. Mit den Verbindungsnähten des Randstreifens ebenso verfahren. Zuletzt alle Nahtlinien der Mittelquadrate rundum wiederum durch alle drei Lagen hindurch quilten.

# · VOGELHAUS ·

Rund um das lustige Vogelhaus tummelt sich eine muntere Vogelschar. Ob es sich bei den bunten Piepmätzen um Amsel, Fink oder Star handelt, muss man nicht unbedingt unterscheiden können.

*Fertige Größe: 28 x 38 cm*

## MATERIAL

- 23 x 40 cm grüner Baumwollstoff für die Hauswand
- 30 x 30 cm karierter Stoff für das Dach
- Stoffreste für die Vögel und die Applikationen
- Filzreste für die Dachverzierung in Bogenform
- 30 cm Zackenlitze
- 8 flache Perlen oder Pailletten
- Etwas Füllwatte für die Vögel
- Aufbügelbare Vlieseline für das Einflugloch
- Haftvliesreste
- Verschiedene kleine Perlen
- Reißfeste Schnur für die Aufhängung

## ZUSCHNEIDEN

**1** Entsprechend der Vorlage auf Seite 122 Schablonen anfertigen. Schablonen sowohl mit der rechten als auch mit der linken Seite nach oben auf die rechte Seite der passenden Stoffteile legen und den Umriss aufzeichnen. Auf diese Weise sechs Paar Körperteile, zwölf Paar Füsse und sechs Schnäbel exakt zuschneiden.

**2** Rechte und linke Seite der Flügel-Schablone auf die Papierseite des Haftvlieses legen, sechs Paar Flügel und ein separates Flügelteil aufzeichnen. Motive großzügig ausschneiden, auf die linke Seite der Stoffteile bügeln und exakt ausschneiden. Ebenso sechs Augenpaare mit 14 mm Durchmesser zuschneiden.

**3** Zwölf 1,5 x 4 cm große Rechtecke für die Beine aus gestreiftem bzw. kariertem Stoff schneiden.

**4** Das Dach zweimal im Stoffbruch zuschneiden.

**5** Für die Dachverzierung sieben Kreise mit 4 cm Durchmesser aus rotem Filz zuschneiden. 1,5 cm von der Außenkante eine gerade Linie quer einzeichnen und entlang dieser Linie schneiden. Die größeren Formen werden später entlang der Dachkante zur Verzierung angelegt.

**6** Schablonen für das Fluglochmotiv mit der rechten Seite nach unten auf die Papierseite des Haftvlieses legen und die Umrisse aufzeichnen; außerdem zwei Kreise aufzeichnen mit 9,5 und 11,5 cm Durchmesser. Jede Form großzügig ausschneiden.

**7** Die Haftvliesausschnitte zum Fluglochmotiv auf die linke Seite der passenden Stoffteile bügeln und die Formen exakt zuschneiden.

**8** Den Umriss der Herz-Schablone siebenmal auf die Papierseite des Haftvlieses übertragen, letzteres auf Stoff bügeln und zuschneiden.

## NÄHEN

**1** An Flügeln und Augen rundum 3 mm Nahtzugabe einschlagen und heften. Entsprechend der Abbildung auf dem Körper platzieren und aufbügeln (siehe auch auf Seite 110 - Applikationen mit Haftvlies). Formen entlang den Einschlagkanten mit Saumstichen applizieren.

**2** Für die Beine die zugeschnittenen Stoffstreifen links auf links der Länge nach zur Hälfte falten. Offene Kanten nach innen schlagen und mit Saumstichen schließen.

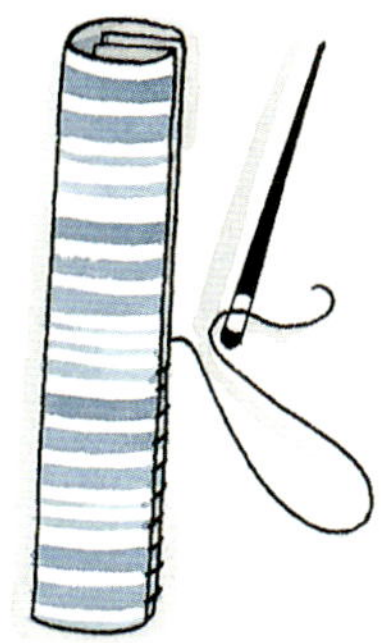

**3** An der Außenkante der Füße eine 3 mm breite Nahtzugabe einschlagen und heften. Füße paarweise ordnen. Jedes Fußpaar links auf links legen und mit Saumstichen zusammennähen; oben eine kleine Öffnung lassen, um das Bein einzusetzen. Das Bein 5 mm tief in die Fußöffnung stecken und mit Handstichen befestigen.

**4** Vorder- und Rückseite des Körpers rechts auf rechts zusammenheften, dabei Beine in den Körper einschieben und an der Körperunterseite kantenbündig legen. Entlang der Körperaußenkante steppen, die Beine mitfassen; am Schwanz eine Öffnung lassen. Rechte Körperseite nach außen wenden.

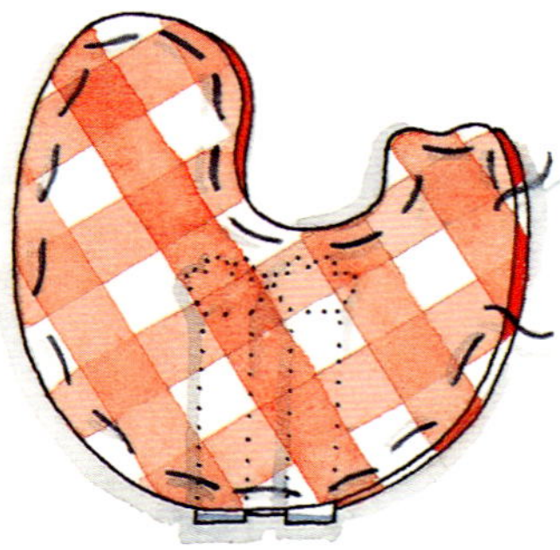

**5** Den Vogelkörper gleichmäßig mit Füllwatte ausstopfen und die Öffnung mit Saumstichen schließen.

**6** Am Schnabel rundum 3 mm einschlagen und heften. Den Kreis zur Mitte hin einschneiden und durch Einrollen eine Tüte formen. Kanten etwas überlappen lassen und mit Handstichen zusammennähen.

**7** Die Dachteile rechts auf rechts kantenbündig aufeinander stecken. Mit 5 mm Nahtzugabe entlang den Seiten, der Dachschräge und dem First steppen. Ecken abschrägen und das Dach auf rechts wenden. Untere Kante 5 mm einschlagen und bügeln.

**8** Den grünen Stoff für das Haus rechts auf rechts längs zur Hälfte auf 20 x 23 cm hälftig falten. Die Schmalseiten mit 5 mm Nahtzugabe abnähen. Die Ecken abschrägen. Rechte Seite nach außen wenden und bügeln. Über die Schmalseite im Abstand von 2,5 cm mit Vorstichen Nahtlinien arbeiten, um Bretterfugen anzudeuten.

**9** Die nicht versäuberte Kante der Hauswand an der Dachunterkante einschieben und ausmitteln; das Dach ragt 4 cm über die Seitenkanten hinaus. Entlang den Dachkanten heften und steppen.

**10** Für die Dachverzierung entsprechend der Abbildung die roten Filzhalbkreise so auf die Dachunterkante legen, dass die geraden Kanten die Dachkante um 5 mm überlappen; stecken und überwendlich aufnähen. Die Zackenlitze exakt über der geraden Kante der Dachverzierung aufstecken; die Enden 1,5 cm überstehen lassen und zum hinteren Dachteil legen. Die Litze mit kontrastierendem Garn in gleichmäßigen Kordonnierstichen (s. Stickstiche, Seite 114) aufnähen.

**11** Flache Perlen in die Mitte der roten Filzteile nähen.

12 Für das Mittelmotiv des Hauses – das Einflugloch mit Jungvogel – die Außenkante der beiden größeren Kreise 3 mm breit einschlagen und heften. Zuerst den größten dann die kleineren Kreise in der Mitte der Hauswand aufbügeln und mit Saumstichen applizieren. Entlang den Außenkanten Stickgarn auflegen und mit Kordonnierstichen aufnähen.

13 Die Außenkante des kleinsten Kreises 3 mm breit einschlagen, heften und mittig auf den applizierten Kreisen fixieren; mit Saumstichen applizieren.

14 Das gelbe Nestteil kann entsprechend der Abbildung aus einem Kreis oder der Vorlage entsprechend aus einem ringähnlichen Halbkreis bestehen. Entlang den Kanten 3 mm Nahtzugabe einschlagen und heften. Das Nestteil auf den kleinsten Kreis bügeln und nähen.

15 Entlang den Außenkanten des Vogelkörpers 3 mm Nahtzugabe einschlagen, heften und auf das Nestteil bügeln. Den Flügel ebenso vorbereiten und auf dem Vogelkörper platzieren.

16 Die Kanten mit Saumstichen applizieren. Um Flügelfedern anzudeuten, Stickgarnabschnitte auf den Flügel legen und im Kordonnierstich aufnähen.

17 Das Auge und den Schnabel ebenfalls auf dem Vogelkörper platzieren und mit Saumstichen applizieren.

18 Auf dem applizierten Auge mittig eine kleine, flache Perle aufnähen.

19 Eine kleine Nahtzugabe entlang der Außenkante der sieben Herzen einschlagen und heften. Entsprechend der Abbildung entlang der Hauswand-Unterkante aufstecken; mit Saumstichen aufnähen.

20 Nun erhält jeder Vogel seinen Platz. Einen befestigen Sie mittig auf dem Dachfirst.

21 An der Kopfoberkante von zwei Vögeln einen Stickfaden annähen, eine farbige Perle auffädeln, dann jeden Vogel so an den Dachaußenkanten befestigen, dass er 2,5 cm lang am Faden hängt. Fadenende durch die Perle zurück zum Kopf bringen und vernähen.

22 Bei den drei übrigen Vögeln das Stickgarn mittig auf der Rückenkante festnähen.

23 Der Abbildung entsprechend die Vögel in gleichmäßigem Abstand an der Unterkante der Hauswand festnähen.

24 Zum Aufhängen des Vogelhauses zwei 10 cm lange, reißfeste Schnüre in Schlaufen legen und auf dem Hausrückteil, an den Enden des Dachfirstes, festnähen.

# · SCHMUSEHASE ·

Meister Hoppel im flotten Outfit ist ganz einfach zu nähen und mit seiner Füllung aus Polyesterwatte dazu noch waschmaschinenfest. Die Knöpfe können Sie durch Applikationen ersetzen.

*Fertige Größe: 27 cm*

## MATERIAL

- 25 x 120 cm Baumwollstoff für Kopf und Körper
- Stoffreste für Jacke, Hose und Innenohren
- Polyester-Füllwatte
- Zwei Knöpfe für die Augen, zwei für die Jacke
- Filzrest für die Nase
- Stickgarn
- 1,15 m Schrägband, 2,5 cm breit, für die Jacke
- 20 cm Gummilitze, 6 mm breit, für den Hosenbund
- Haftvliesreste für die Innenohren

## ZUSCHNEIDEN

**1** Entsprechend den Vorlagen auf den Seiten 123 und 124 Schablonen anfertigen. Mit Ausnahme der Innenohren die Körper- und Bekleidungsteile in doppelter Stofflage zuschneiden.

**2** Die Innenohr-Schablone einmal mit der rechten, dann mit der linken Seite nach unten auf die Papierseite des Haftvlieses legen und aufzeichnen. Die Formen großzügig ausschneiden, auf die linke Seite des passenden Stoffes bügeln und exakt ausschneiden.

## NÄHEN

Arbeiten Sie grundsätzlich mit 5 mm Nahtzugabe.

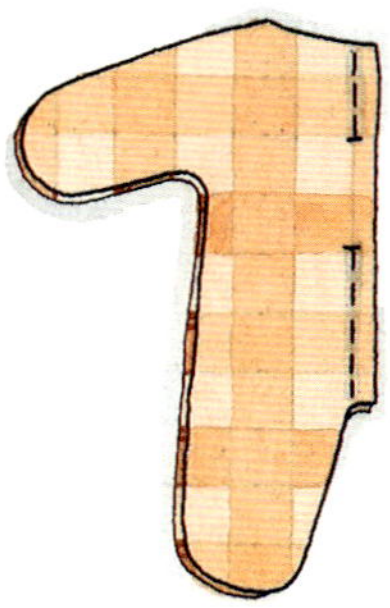

**1** Beide Rückteile des Hasenkörpers rechts auf rechts legen, die Mittelnaht stecken und bis auf eine Öffnung zwischen den Markierungspunkten zusammennähen.

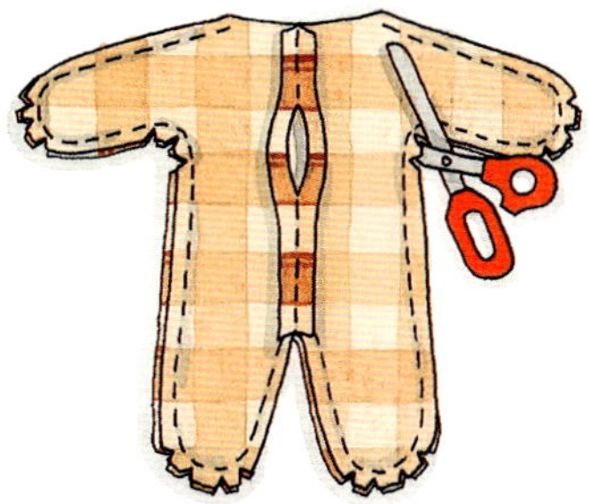

**2** Vorder- und Rückteil rechts auf rechts aufeinander legen und stecken. An der seitlichen Halskante beginnend die Teile rundum bis zur gegenüberliegenden Halskante zusammennähen; Halsausschnitt offen lassen. Nahtzugaben an den Rundungen bis knapp zur Nahtlinie einkerben.

**3** Die Innenohren mit den Unterkanten bündig auf das vordere Ohrenpaar bügeln und im Satinstich applizieren. Vordere und hintere Ohrteile rechts auf rechts entlang den Kanten (jedoch nicht die Unterkante) verstürzen. Nahtzugaben an den Rundungen bis knapp zur Nahtlinie hin einkerben, um die Naht flexibler zu machen. Die Ohren auf rechts wenden und gleichmäßig mit Füllwatte ausstopfen.

**4** Der Vorlage und der Abbildung entsprechend die Gesichtszüge mit Rückstichen auf das vordere Kopfteil sticken. Für die Augen Knöpfe oder Filzkreise und als Nase einen kleinen, überlangen Filzhalbkreis aufnähen. Die Ohren schnittkantenbündig so auf das vordere Kopfteil legen, dass die Innenohren auf dem Gesicht liegen und die Ohrspitzen zum Halsrand weisen. Die Ohren anheften.

**5** Beide Hinterkopfteile rechts auf rechts zusammenstecken und die Mittelnaht schließen. Nahtzugaben einkerben und auseinander bügeln. Das vordere Kopfteil mit den angehefteten Ohren und das hintere Kopfteil rechts auf rechts kantenbündig aufeinander legen.

Mit Ausnahme der Halskante stecken, nähen und auf rechts wenden. Die Naht an den Ohren verstärken. Nahtzugaben entlang der Rundung einkerben.

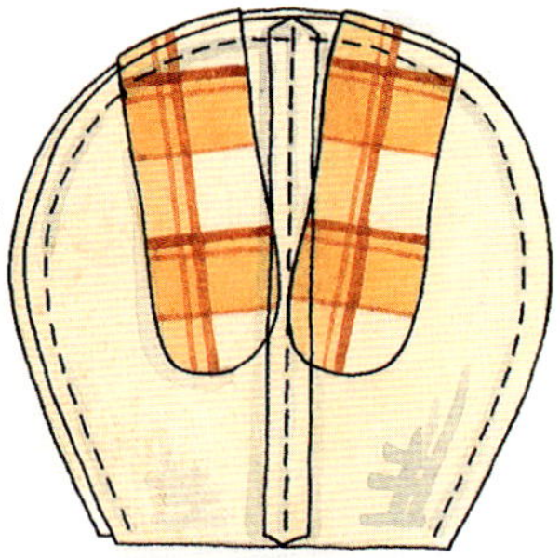

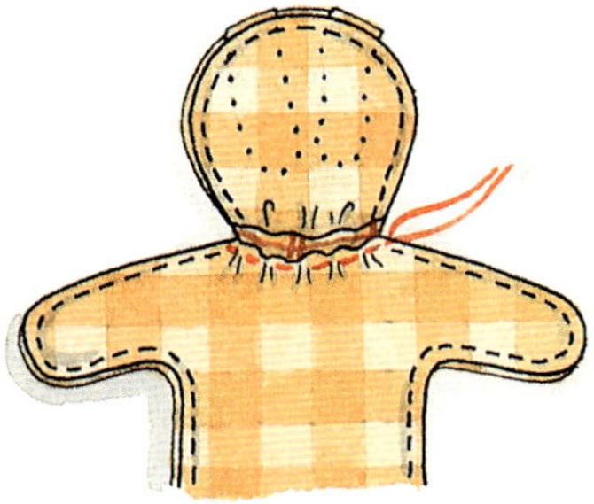

6 Entlang der Halsausschnittkante am Körperteil Reihstiche arbeiten. Den Kopf rechts auf rechts in die Halsöffnung stecken und, an den Seiten nahtgleich, zusammenstecken. Reihfaden halten und den Stoff einreihen; Halsnaht mit einer Doppelnaht schließen. Den Körper auf rechts wenden und gleichmäßig mit Füllwatte ausstopfen.

7 Naht auf der Rückseite mit Leiterstichen schließen.

8 Beide Längskanten des Schrägstreifens einbügeln, kantengleich falten und erneut bügeln. Den Streifen über die Halsausschnittkante schieben, heften und knappkantig aufnähen. Streifen ablängen, dann die beiden vorderen Verschlusskanten einfassen; dabei am Halsausschnittende 5 mm einschlagen. Zwei kurze Einfassungsstreifen als Leistentaschen auf die Jackenvorderteile nähen.

9 Vordere Jackenteile rechts auf rechts auf das Rückteil legen, die Schulternaht stecken und schließen. Die Ärmelsaumkanten mit Schrägstreifen einfassen.

10 Seitennähte der Jacke schließen. Nahtzugaben an der Unterarmrundung einschneiden. Alle Nähte im Zickzackstich versäubern.

11 Die Saumkante der Jacke einfassen; dabei die Enden 5 mm einschlagen.

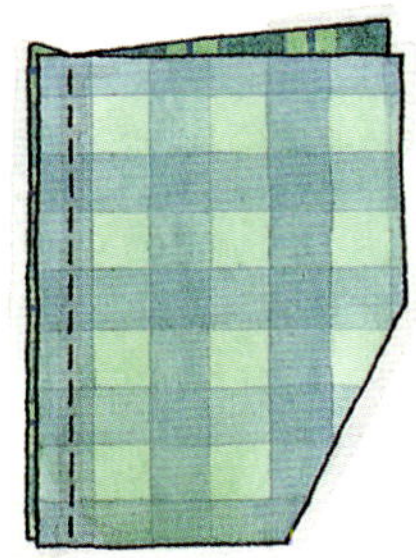

12 Vorder- und Rückteil der Hose rechts auf rechts stecken und die Seiten- und Innennaht schließen. (Bei Hosenteilen, die entlang der Außenkante im Stoffbruch zugeschnitten wurden, entfällt die Seitennaht.) Nahtzugaben auseinander bügeln. Beide Hosenbeine im Schritt rechts auf rechts stecken; vordere und hintere Mittelnaht in einem Arbeitsgang schließen; Nahtzugaben auseinander bügeln.

13 An der Taille einen 1 cm breiten Tunnel arbeiten; dabei in der hinteren Mitte eine Öffnung lassen. Die Gummilitze mit Hilfe einer kleinen Sicherheitsnadel einziehen und die Enden zusammennähen. An den Hosenbeinen einen schmalen Saum nähen.

# · STOFF-BILDERBUCH ·

Nur bis drei zählen reicht nicht! Dieses lehrreiche Bilderbuch geht schon mal bis fünf und für kleine Europäer kann's durchaus auch mal in Englisch sein.

*Fertige Größe: ca. 19 x 15 cm*

## MATERIAL

- 24 x 20 cm große Stoffrechtecke für die Buchseiten: sechs einfarbige, fünf karierte und ein getupftes
- Stoffreste für die Applikationsmotive
- Reste von grauem Filz für die Mäuseschwänze
- 10 x 15 cm rosa oder weißer Satinstoff für die Torte
- Eine Auswahl von Perlen und Knöpfen für Augen und andere Verzierungen
- Gestärktes Garn für die Tasthaare der Mäuse
- Orangefarbene Wolle für die Zöpfe
- Schmale Bändchen für die Zopfschleifen
- 50 cm Band, ca. 4 cm breit, zum Binden des Buchrückens
- Stickgarn und Haftvliesreste
- 20 cm Zackenlitze
- Selbstlöschender Markierstift

ANMERKUNG: *Für Kleinkinder verwenden Sie keine Perlen, sondern arbeiten Knötchenstiche; an Stelle von Knöpfen applizieren Sie Stoffkreise.*

## ZUSCHNEIDEN

1 Die Stoffrechtecke für die Buchseiten auf eine Größe von 22 x 18 cm schneiden.

2 Zwei Stoffkreise zuschneiden: einer 5 mm und einer 10 mm größer als das Lebkuchenmännchen (Vorlage auf Seite 125).

3 Von allen Vorlagen auf den Seiten 59 und 125 Schablonen anfertigen. Die Schablonen mit der rechten Seite nach unten auf die Papierseite des Haftvlieses legen. Die Umrisse in benötigter Anzahl aufzeichnen und großzügig ausschneiden.

4 Haftvlieszuschnitte auf die linke Seite der Applikationsstoffe bügeln; jede Form exakt ausschneiden.

## NÄHEN

1 Entsprechend den Abbildungen auf ein kariertes und vier einfarbige Stoffrechtecke eine Zahl legen.

2 Das Trägerpapier von der Rückseite abziehen und die Zahlen aufbügeln.

3 Die Zahlen entlang den Außenkanten mit Satinstichen oder Vorstichen applizieren.

4 Auf jeder nummerierten Stoffseite das Wort für die Zahl mit selbstlöschendem Markierstift unter die Ziffer schreiben. Stickgarnabschnitte auf die Form der Buchstaben legen und mit kontrastierendem, 2-fädigem Sticktwist im Kordonnierstich applizieren (siehe Stickstiche auf Seite 114).

5 Auf die letzte, unifarbige Stoffseite können sie einen Spruch oder einen Wunsch – z. B. „Alles Gute zum Geburtstag" – applizieren.

6 Beim Bildaufbau der rechten Buchseiten orientieren Sie sich an den Abbildungen und den Vorlagen.

2

3

4

5

*Geburtstagskind*

7 Zuerst den Kragen, dann das Gesicht so auf ein kariertes Stoffrechteck bügeln, dass das Kinn den Kragen überlappt. Mit Vorstichen entlang der Schulter- und Gesichtskante applizieren.

8 Die roten Wangen und die Nase auf das Gesicht bügeln; mit Vorstichen entlang den Kanten applizieren. Den Mund mit Rückstichen aufsticken.

9 Stickgarn entlang den Kragenrundungen auflegen und mit Kordonnierstichen aufnähen (siehe Stickstiche auf Seite 110).

10 Für die Zöpfe 24 Wollfäden, 30,5 cm lang, schneiden. Fadenanzahl in zwei Zopfstränge teilen. Jeden Strang an einem Ende maschinell zusammennähen. Die Fadenanzahl durch drei teilen und die Zöpfe bis 2,5 cm zum Garnende flechten. Die Zopfenden mit einer Schleife sichern.

11 Zöpfe seitlich auf dem Gesicht platzieren. Die Krone so über dem Kopf auflegen, dass ihre Unterkante die vernähten Zopfenden und die Kopfkante überlappt. Aufbügeln. Die Seitenkanten der Krone mit Vorstichen applizieren. Stickgarn entlang den Zackenkanten auflegen und im Kordonnierstich befestigen. Eine Perle an jeder Spitze aufnähen. Die rote Zackenlitze auf die untere Kronenkante stecken und ebenfalls mit Kordonnierstichen aufnähen.

12 Zwei blaue Knöpfe als Augen aufnähen. Einen Knopf auf die Kragenmitte nähen.

*Lebkuchenmännchen*

13 Für das Lebkuchenmännchen den großen und kleinen Kreis auf ein kariertes Stoffrechteck bügeln, dann das Männchen mittig aufbügeln.

14 Stickgarn entlang der Außenkante des größeren Kreises auflegen und befestigen. Entlang der Stoffkante des kleineren Kreises Vorstiche arbeiten. Die Außenkante des Lebkuchenmännchens im Festonstich umsticken. Zwei Knöpfe als Augen und drei auf dem Körper aufnähen. Den Mund mit Rückstichen aufsticken. Auf Arme und Beine Stickgarn in Zickzacklinien auflegen und im Kordonnierstich aufnähen.

*Mäuse*

15 Die Körper der Mäuse auf dem getupften Stoffrechteck anordnen. Den Schwanz unter den Körper schieben, das Innenohr auflegen und die Teile aufbügeln. Entlang den Innenohrkanten und mittig am Schwanz Vorstiche arbeiten. Die Außenkante der Mäuse mit Festonstichen umsticken.

16 5 cm lange gestärkte Garnabschnitte durch eine rote Perle ziehen; letztere auf die Nasenspitze der Mäuse nähen. Eine Paillette als Auge aufnähen.

*Ballons*

17 Die Ballons auf ein unifarbenes Stoffrechteck bügeln. Entlang den Außenkanten Vorstiche oder Festonstiche arbeiten. Stickgarnabschnitte als Schnüre auflegen und befestigen.

*Erdbeerschale*

18 Die Schale auf ein kariertes Stoffrechteck bügeln. Die Erdbeeren mit den Blättern innerhalb der Schale aufbügeln. Die blauen Herzen auf den Schalenrand, den Löffel neben der Schale aufbügeln. Den Löffelstiel mit einem roten Herzen verzieren.

**19** Entlang der Außenkante des Löffels Stickgarn auflegen und im Kordonnierstich befestigen. Das rote Herz und die Außenkante der Schale mit Festonstichen umsticken. Den Schaleninnenrand mit aufgenähtem Stickgarn andeuten.

**20** Vorstiche entlang den Außenkanten der Erdbeeren und Blätter arbeiten. Zuletzt gelbe Perlen als Samen auf die Erdbeerfrüchte nähen.

*Geburtstagstorte*

**21** Für das Bild mit Torte zuerst die Tortenplatte auf einem karierten Stoffrechteck anordnen. Den Tortenboden in der Mitte der Platte auflegen. Die Tortenglasur auf der Bodenoberkante platzieren. Alle Teile aufbügeln. Die Kerzen auf der Torte verteilen, dabei die Flammen oben am Kerzenrand einschieben; aufbügeln.

**22** Stickgarn entlang der Plattenaußenkante auflegen und aufnähen. Die Außenkante der Tortenglasur und die der Kerzen mit Vorstichen applizieren. Die Kanten der Kerzenflammen und des Tortenbodens mit Festonstichen umsticken.

**23** Eine 12 cm lange Zackenlitze an den Enden einschlagen und von einer Seitenkante zur anderen mittig auf dem Tortenboden befestigen. Zur Verzierung bunte Perlen auf die Tortenglasur nähen.

*Fertigstellung des Buches*

*Anmerkung: Wenn die rückwärtigen Motive der paarweise aufeinander gelegten Seiten zur Vorderseite durchscheinen, können Sie ein neutrales Gewebe dazwischen legen.*

**24** Alle Buchseiten auf eine Größe von 21 x 16 cm schneiden. Die Seite mit dem Geburtstagskind rechts auf rechts auf die Seite mit der Zahl „eins“ stecken. Mit Ausnahme der Bundkante die anderen Kanten mit 5 mm Nahtzugabe verstürzen. Ecken abschrägen und die Buchseiten auf rechts wenden. Auch die anderen Buchseiten verstürzen: das Lebkuchenmännchen mit der Zahl „zwei“; die Mäuse mit der Zahl „drei“ und die Ballons mit der Zahl „vier“; die Erdbeerschale mit der Zahl „fünf“; die Torte mit dem Glückwunsch.

**25** Die Bundkanten 1 cm breit einschlagen; heften. Die verstürzten Kanten knappkantig steppen.

**26** Zum Binden des Buchrückens vom 4 cm breiten Band 19 cm abschneiden. Das Band längsseits zur Hälfte falten. Die Buchseiten bundgleich aufeinander legen und heften. Das Band über die Bundkanten legen und die überstehenden Enden einschlagen; dann knappkantig aufsteppen.

**27** Das übrige Band zur Schleife binden und auf der Buchvorderseite mittig auf den Bundeinband nähen.

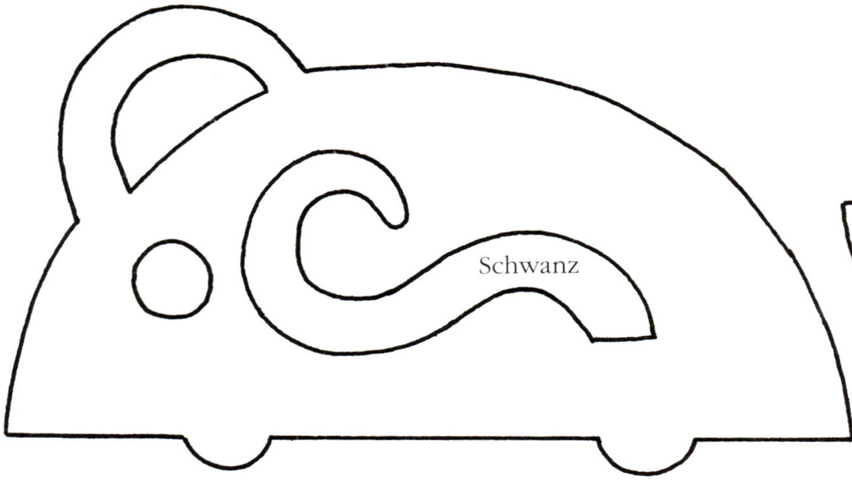


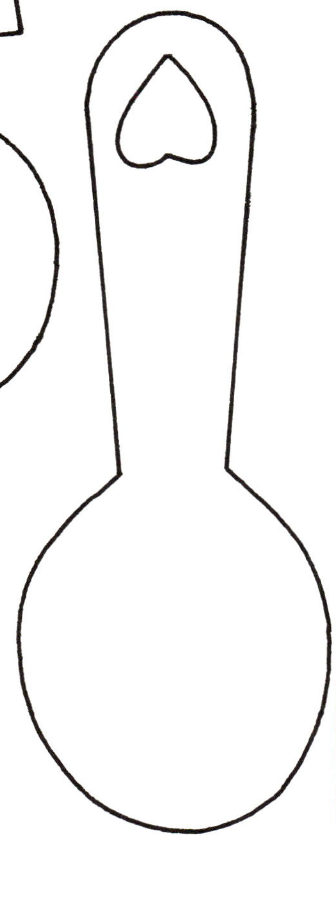

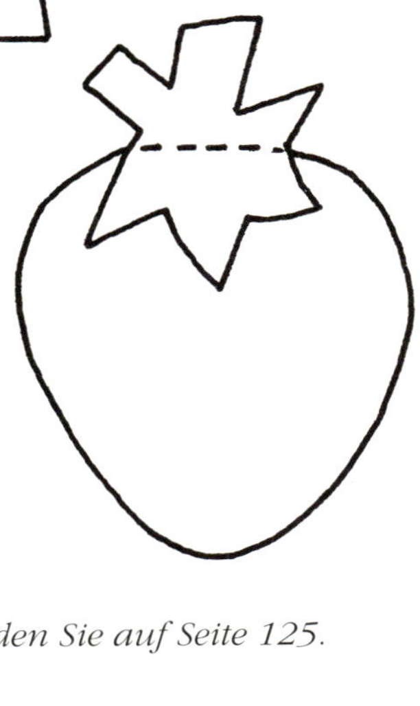

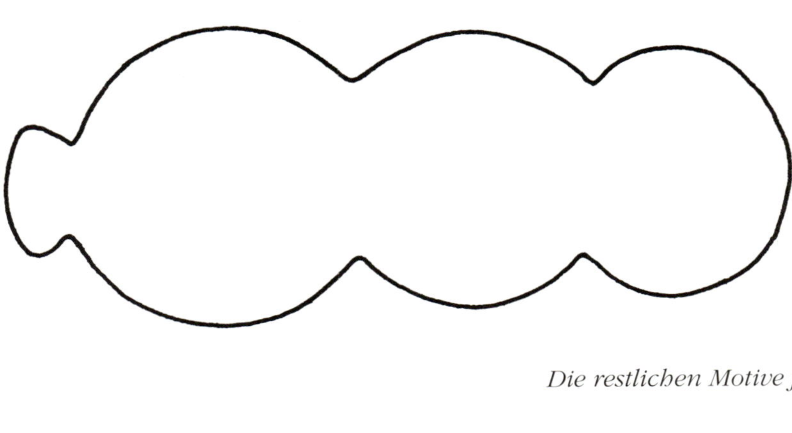

STOFF-BILDERBUCH

*Die restlichen Motive finden Sie auf Seite 125.*

# · BÄREN-UND-HASEN-QUILT ·

Rundum wohl fühlt sich der kleine Star der Familie mit so vielen Teddy- und Hasenfreunden. Sie können Bären und Hasen auch in bunter Reihe zusammennähen oder, als besondere Deko-Idee, Stoffreste aus der Ausstattung des Kinderzimmers mit verwenden.

***Fertige Größe: 93,5 x 136,5 cm***

## MATERIAL

- 25 x 120 cm grünweiß karierter Stoff für den Hintergrund
- 25 x 120 cm blauweiß karierter Stoff für den Hintergrund
- 25 x 120 cm grüner Stoff für den Hintergrund
- 25 x 120 cm blauer Stoff für den Hintergrund
- 25 x 120 cm weißer Stoff für die Hasen
- 25 x 120 cm brauner Stoff für die Hasen
- 25 x 120 cm hellbrauner Stoff für die Teddys
- 25 x 120 cm rotbrauner Stoff für die Teddys
- 30 x 50 cm gelb gestreifter Stoff für die Blockquadrate
- 30 x 50 cm gelber gepunkteter Stoff für die Blockquadrate
- 30 x 50 cm gelber Stoff für die Blockquadrate
- 30 x 50 cm gelb karierter Stoff für das Blockmuster
- Stoffreste für die Hasen- und Teddybekleidung
- 40 x 120 cm grünblau karierter Stoff für die Umrandung
- 15 x 120 cm gelbgrünblau karierter Stoff für die Randquadrate
- 40 x 140 cm gelber Stoff für die Einfassung
- 93,5 x 136,5 m bedruckter Stoff für das Rückteil
- 93,5 x 136,5 m extradickes Volumenvlies
- Haftvlies und Stickvlies für die Applikationen
- 20 kleine braune und 20 blaue Knöpfe
- Gelber, grüner und blauer Baumwollsticktwist

## ZUSCHNEIDEN

**1** Für die Teddy- und Hasenmotive die Vorlagen auf Seite 64 abpausen und Schablonen anfertigen.

**2** Schablonen mit der rechten Seite nach unten auf die Papierseite des Haftvlieses legen und die Umrisse übertragen. Die Formen großzügig ausschneiden.

**3** Die Haftvlieszuschnitte auf die linke Seite der Applikationsstoffe bügeln und die Motive exakt zuschneiden.

**4** Für den Hintergrund der Teddy- und Hasenmotive je fünf 15,5 x 19 cm große Rechtecke aus den blauen, grünen, blauweiß karierten und grünweiß karierten Stoffen schneiden.

**5** Für die gelben Blockquadrate ein 27 x 45 cm großes Rechteck aus jedem der gelben Stoffe zuschneiden. Die Rechtecke so längs zur Hälfte falten, dass die rechte Seite innen liegt. Parallel zur Schnittkante 9 cm abmessen und eine Linie zeichnen. Im rechten Winkel zur Bruchkante, an einer Schmalseite beginnend, parallele Linien im Abstand von 9 cm aufzeichnen. Den längs gefalteten Stoff zusammenstecken, dann entlang der markierten Linien schneiden. Auf diese Weise erhalten Sie aus jedem Stoffrechteck 15 Quadrate mit 9 cm Kantenlänge.

**6** Für die Umrandung zwölf Quadrate mit 9 cm Kantenlänge aus gelbgrünblau kariertem Stoff schneiden.

**7** Für die langen Randstreifen vier 23 x 9 cm und vier 25 x 9 cm große Rechtecke aus dem grünblau karierten Stoff schneiden.

**8** Für die kurzen Randstreifen vier 33,5 x 9 cm

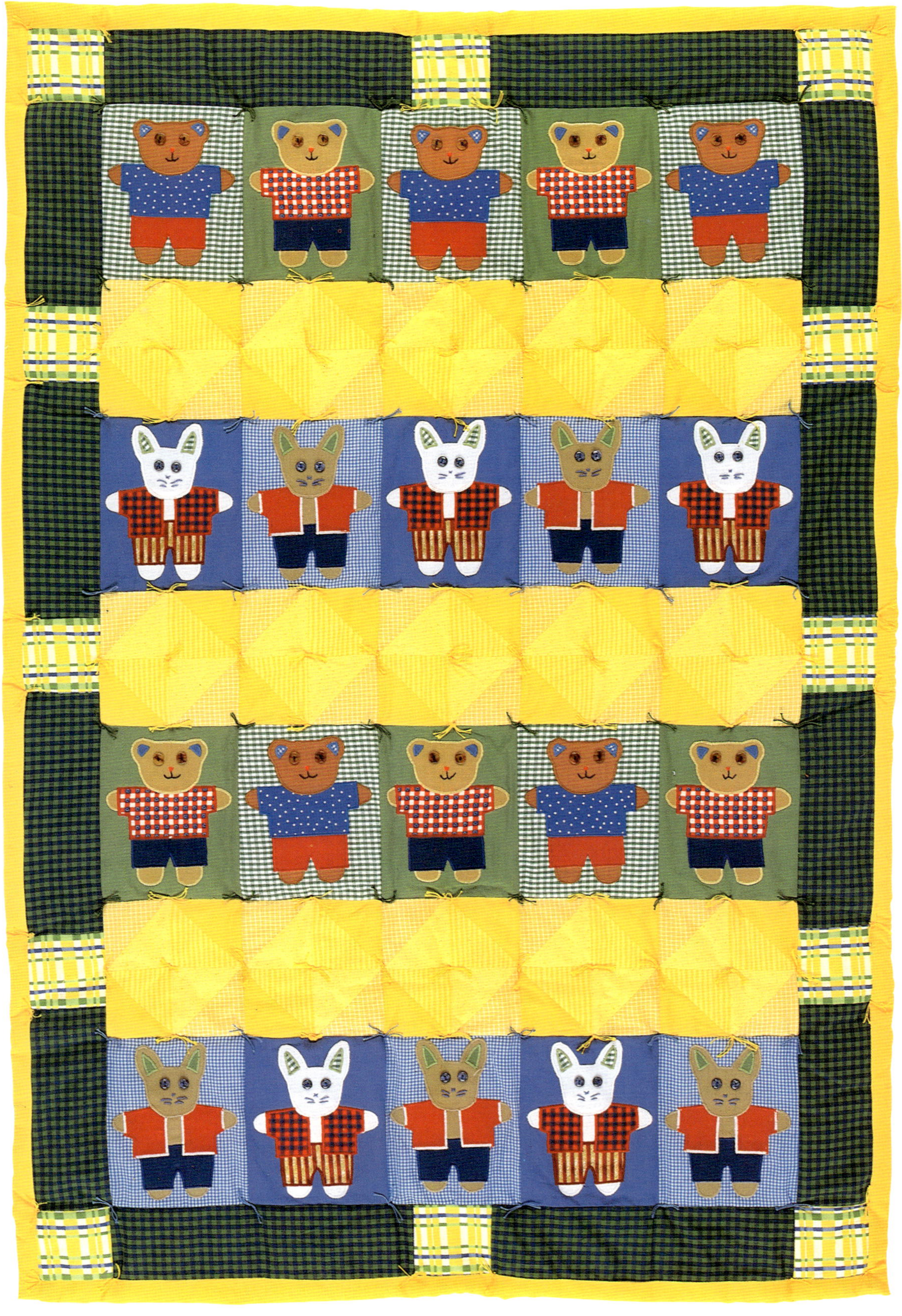

große Rechtecke ebenfalls aus grünblau kariertem Stoff schneiden.

9 Für die Einfassung benötigen Sie 6,5 cm breite Streifen: zwei 132,5 cm und zwei 96,5 cm lang.

## NÄHEN

Sofern nicht anders angegeben, arbeiten Sie grundsätzlich mit 5 mm Nahtzugabe.

1 Die Teddy- und Hasenmotive entsprechend den Vorlagen auf den Hintergrund-Stoffrechtecken anordnen. Die gestrichelten Kantenlinien werden von angrenzenden Motivteilen überlappt. Motive aufbügeln und Stickvlies auf der Rückseite platzieren. Beachten Sie auch auf Seite 110 „Applikationen mit Haftvlies“.

2 Pfoten, Hose, Jacke, Pullover, Kopf und Innenohren im Satinstich, zum Teil mit kontrastierendem Garn, applizieren.

3 Die Gesichtszüge im Stielstich sticken und als Augen Knöpfe aufnähen. Sie können die Augen auch aufsticken oder applizieren.

4 Fünf Hasen und fünf Teddys rechts auf rechts zu vier Reihen zusammennähen.

5 Für die gelben Blockquadrate je zwei unterschiedlich gemusterte Quadrate rechts auf rechts aufeinander legen. Eine diagonale Linie mit Kreidestift von Ecke zu Ecke aufzeichnen. Rechts und links entlang der markierten Linie im Abstand von 5 mm steppen. Die

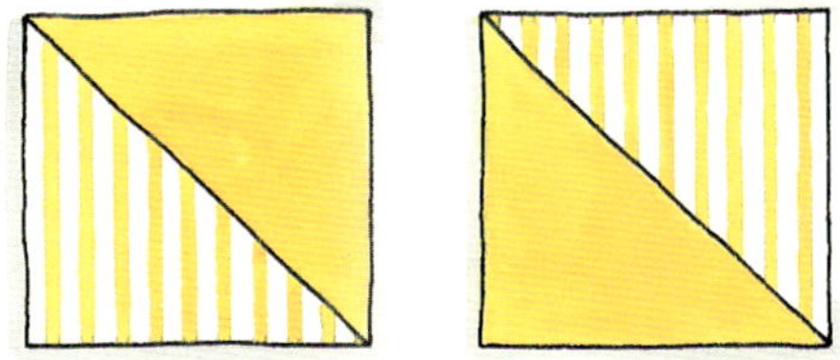

Stoffquadrate zwischen den Steppnähten aufschneiden und aufklappen. Auf diese Weise erhalten Sie 60 zweifarbige Quadrate.

6 Je zehn Quadrate so in Reihen legen, dass jedes Dreieck neben einem andersfarbigen liegt. Stecken, dann die Quadrate zu sechs Reihen zusammennähen.

7 Zwei Reihen der Länge nach zusammennähen. Ebenso mit den übrigen vier Reihen verfahren.

8 Eine gelbe Blockreihe mit einer Teddy- und Hasenreihe rechts auf rechts der Länge nach zusammennähen. Diesen Schritt abwechselnd wiederholen, bis die Reihen das Mittelteil ergeben.

9 Für die seitlichen Randstreifen die 25 cm langen, grünblau karierten Rechtecke an zwei sich gegenüberliegende Seiten eines gelbgrünblau karierten Quadrats rechts auf rechts stecken und nähen. Danach an jedes Ende ein Quadrat nähen, dann wiederum an jedes Ende ein 23 cm großes Rechteck nähen. Die Randstreifen mit einem Quadrat beenden.

10 Für die oberen und unteren Randstreifen die 33,5 cm langen, grünblau karierten Rechtecke rechts auf rechts an ein gelbgrünblau kariertes Quadrat nähen.

11 Die kurzen Randstreifen rechts auf rechts an die Schmalseiten des Mittelteils stecken und nähen. Nahtzugaben auseinander bügeln.

**12** Die langen Randstreifen rechts auf rechts an die Längskanten des Mittelteils nähen.

**13** Den Rückteilstoff mit der rechten Seite nach unten auf eine glatte Fläche legen, darauf das Volumenvlies kantenbündig ausrichten, dann das Vorderteil ausgemittelt mit der Bildseite nach oben darüber platzieren.

**14** Die drei Lagen von der Mitte aus horizontal, vertikal und diagonal zusammenheften.

**15** Den Quilt mit Baumwollgarn abbinden: Die eingefädelte Nadel senkrecht vom Oberteil aus durch die drei Lagen einstechen; das Fadenende ausreichend lang hängen lassen um nach der Stichfolge einen Weberknoten knüpfen zu können. 2 - 3 mm neben dem ersten Stich wieder zum Oberteil ausstechen. Den Faden erneut durch den ersten Stich nach unten und wieder durch den zweiten Stich nach oben führen. Für den Weberknoten die Fadenenden rechts über links, dann links über rechts miteinander verschlingen und festziehen. An jeder Ecke eines Teddy-Hasenrechtecks und an den mittleren Eckpunkten der Blockquadrate den Quilt abbinden. (Beachten Sie auch auf Seite 112 „Quilten“.)

**16** Die langen Einfassungsstreifen entlang einer Längskante rechts auf rechts an die Längskanten des Quilts stecken und nähen. Die lose Kante zum Rückteil legen, einschlagen und mit Blindstichen auf die Steppnaht nähen.

**17** Die kurzen Einfassungsstreifen in gleicher Weise an die Schmalkanten des Quilts stecken und nähen; dabei die überstehenden Enden kantenbündig einschlagen.

**18** Entsprechend der Abbildung den Quilt entlang der Einfassung ebenfalls abbinden.

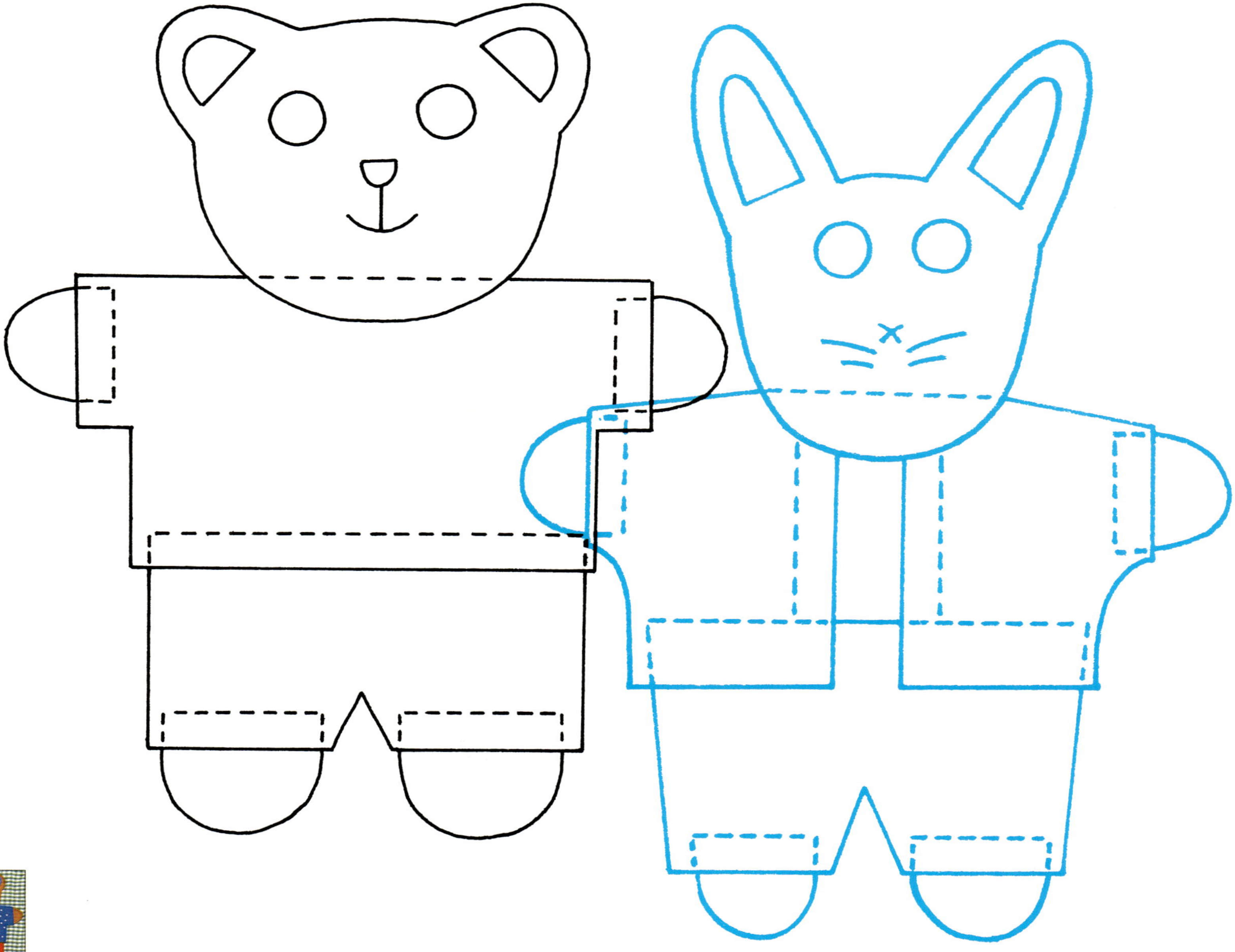

# • *Das* •
# BADEZIMMER

# · LUSTIGE WASCHHANDSCHUHE ·

So macht das Abrubbeln richtig Spaß.
Die einfachen Motive sind schnell auf die flauschigen Waschhandschuhe genäht.

***Die fertige Größe von 11 x 16 cm bezieht sich auf ein sechsjähriges Kind. Für ältere Kinder die Waschhandschuhe etwas größer zuschneiden.***

## MATERIAL

- Frotteestoffreste in zwei verschiedenen Farben
- Stoffreste für die Applikationsmotive
- 1 m dicke Baumwollkordel

## ZUSCHNEIDEN

**1** Entsprechend der Vorlage auf Seite 79 die Waschhandschuhe zuschneiden.

**2** Applikationsmotive abpausen und Schablonen anfertigen. Letztere mit der rechten Seite nach oben auf die rechte Stoffseite legen und die Umrisse aufzeichnen. Jede Form mit 5 mm Nahtzugabe zuschneiden.

**3** Um die Kordellänge zu erhalten, messen Sie die gerade Eingriffskante eines Waschhandschuhteils, verdoppeln das Maß und addieren 13 cm.

## NÄHEN

**1** Bei allen Motiv-Zuschnittteilen 5 mm Nahtzugabe auf links einschlagen.

**2** Entsprechend der Abbildung die Formen des Leuchtturms und des Pinguins anordnen. Die Motive mit Blindstich auf die Handschuhvorderteile applizieren. Arbeiten Sie entlang Ober- und Unterkante der weißen Leuchturmabschnitte eine Vorstichreihe.

**3** Das Rückteil der Waschhandschuhe in einer anderen Farbe wählen. Vorder- und Rückteil rechts auf rechts legen, entlang den Seiten und der Rundung mit 5 mm Nahtzugabe steppen, die Einschlupfkante bleibt offen. Die Nahtzugaben zusammen versäubern. Waschhandschuh auf rechts wenden.

4 Die Einschlupfkante versäubern und 2,5 cm breit auf links mit einer Doppelnaht einsäumen.

5 Die Enden der Baumwollkordel versäubern, damit sie nicht ausfransen. An einer Naht beginnend die Kordel mit Handstichen an die Saumkante nähen.

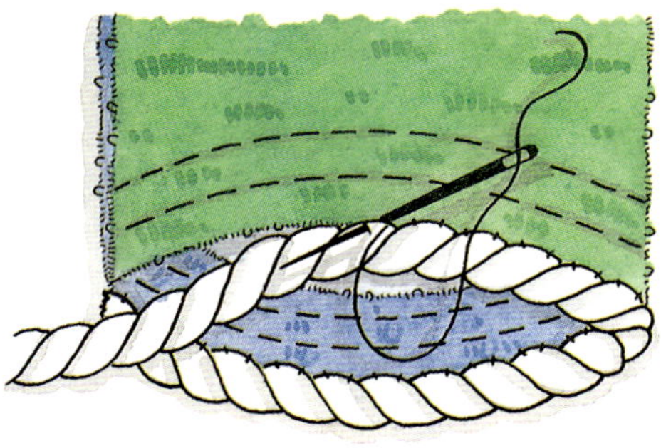

6 Das überstehende Ende der Kordel zur Schlaufe legen und am Startpunkt festnähen. An Stelle des Saumeinschlags können Sie die unversäuberte Einschlupfkante auch mit einem 4 cm breiten Schrägband einfassen.

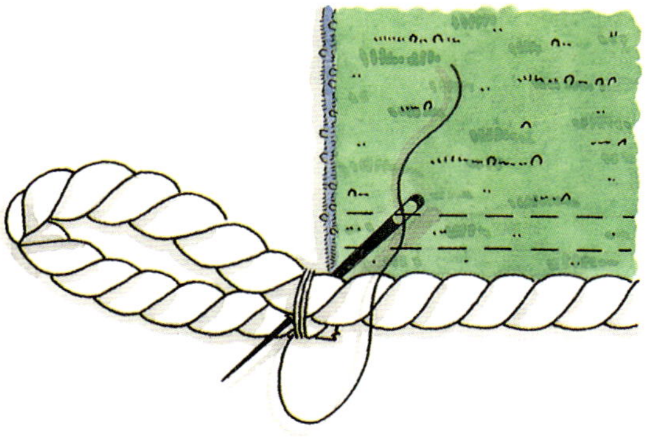

# · TASCHE MIT DAMPFER ·

Superüberraschung für Ihren Sprössling vor dem nächsten Start in die Ferien: eine richtige Kinder-Kulturtasche zum Verstauen von Zahnbürste, Seife und anderen wichtigen Reiseutensilien. Ein applizierter Dampfer sorgt bereits beim Packen für tolle Ferienstimmung.

*Fertige Größe: 32 x 25 cm*

## MATERIAL

- 40 x 120 cm blauweiß karierter Stoff für die Tasche
- 40 x 120 cm gelber Futterstoff oder Lackfolie
- 25 x 110 cm Stoff für die Wasserfläche
- Stoffreste in Königsblau, Signalrot, Gelb, Hellblau, Weiß und Rotblaukariert für die Applikationsmotive
- 10 x 20 cm Volumenvlies
- 30 cm Reißverschluss
- Zwei D-Ringe, 2,5 cm
- 1 m Naturleine mit 6 mm Durchmesser
- 30 cm dünne rote und weiße Kordel für den Reißverschlussanhänger
- 50 x 90 cm Haftvlies
- 50 x 90 cm Stickvlies
- 3 m gelbes Schrägband, 4 cm breit, zum Versäubern der Nahtzugaben im Tascheninneren

## ZUSCHNEIDEN

**1** Für das Taschenvorder- und -rückteil, je ein 34 x 27 cm großes Rechteck aus dem blauweiß karierten Stoff schneiden.

**2** Einen 88 cm langen, 12 cm breiten Streifen für das Bodenteil mit angeschnittenen Seitenteilen aus dem blauweiß karierten Stoff schneiden.

**3** Zwei 34 x 6,5 cm schmale Streifen für den Taschenverschluss aus dem blauweiß karierten Stoff schneiden.

**4** Diese Teile benötigen Sie auch aus gelbem Futterstoff. In eine Kulturtasche Lackfolie einarbeiten.

**5** Entsprechend den Vorlagen auf Seite 72 Schablonen für die Applikationsmotive anfertigen. Schablonen mit der rechten Seite nach unten auf die Papierseite des Haftvlieses legen und die Umrisse aufzeichnen. Die Formen großzügig ausschneiden.

**6** Die Haftvlieszuschnitte auf die linke Seite der Applikationsstoffe bügeln und die Formen entlang den Konturen exakt zuschneiden.

**7** Für den Reißverschlussanhänger die Kreis-Schablone auf den blauen Stoff legen und zweimal aufzeichnen; mit 1 cm Nahtzugabe zuschneiden.

**8** Zwei Plastikscheiben in der Größe der Anhänger-Schablone ausschneiden; z. B. aus den Böden großer Jogurtbecher. Beide Scheiben auf Volumenvlies legen; letzteres in gleicher Größe zuschneiden.

**9** Für die beiden Ringschlaufen zwei 4,5 x 4 cm große Rechtecke aus rotem Stoff zuschneiden.

## NÄHEN

**1** Die „Wasserfläche“ – wie abgebildet – auf ein blauweiß kariertes Stoffteil bügeln. Beachten Sie auch auf Seite 110 „Applikationen mit Haftvlies“.

2 Für den Dampfer entsprechend der Vorlage alle Zuschnittteile auf dem Hintergrund anordnen; die gestrichelten Kantenlinien werden von angrenzenden Motivteilen überlappt.

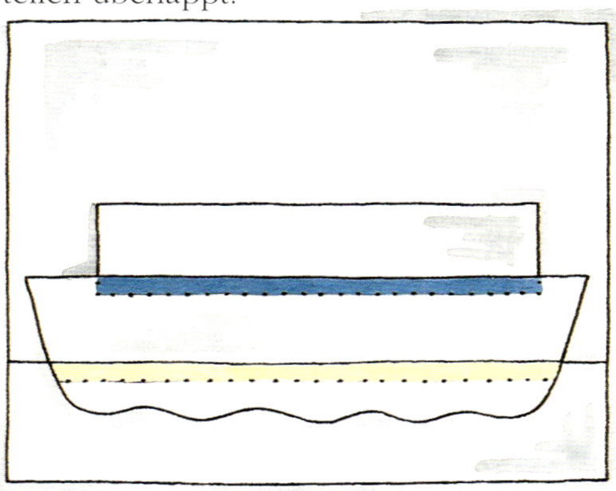

3 Die Teile für die Flagge links auf links kantenbündig aufeinander legen und aufbügeln. Entlang der beiden langen und einer kurzen Seite die Stoffkanten applizieren. Die Fahne am Heck des Dampfers auflegen. Den roten Fahnenmast so über der Flagge platzieren, dass er die offene Kante der Flagge bedeckt und das Fahnenmastende von der Bordkante überlappt wird. Alle Teile aufbügeln.

4 Das gesamte Dampfermotiv mit Stickvlies unterlegen, damit sich die Naht beim Applizieren nicht wellt. Entlang allen Schnittkanten eine Applikationsnaht im breiten Satinstich arbeiten.

5 Den Zuschnitt für die Wasserfläche am Boden und an den Seiten auf dem blauweiß karierten Streifen ausrichten und aufbügeln. Entlang den kurzen Stoffkanten applizieren.

6 Auch auf das Taschenrückteil eine Wasserfläche aufbügeln und die obere Schnittkante im breiten Satinstich applizieren.

7 Alle Taschenteile von links bügeln oder von rechts mit einem angefeuchteten Tuch dämpfen.

8 Für das Reißverschlussteil legen Sie einen blauweiß karierten und einen gelben Streifen rechts auf rechts aufeinander. Mit 1 cm Nahtzugabe eine lange und die beiden kurzen Seiten verstürzen. Das Teil auf rechts wenden und bügeln. Die offene Kante mit 4 mm Nahtzugabe durch eine Steppnaht schließen. Den zweiten Streifen ebenso arbeiten.

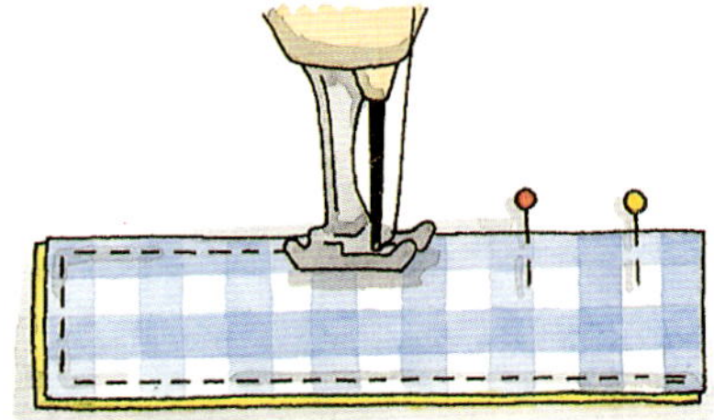

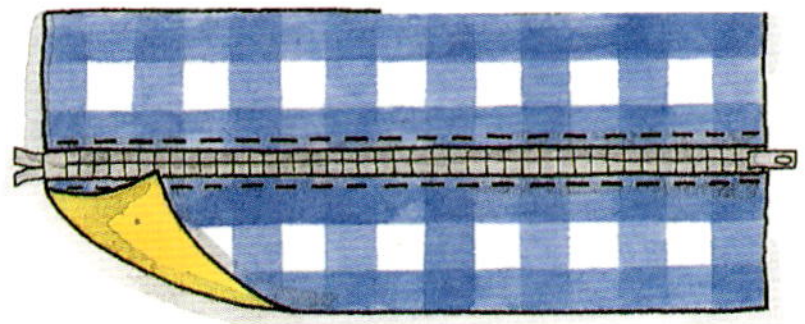

9 Den Reißverschluss unter die verstürzten Längskanten stecken und einnähen.

10 Den Stoff für die Ringschlaufen der Länge nach zur Hälfte falten. Mit 5 mm Nahtzugabe die langen Schnittkanten verstürzen; Teil wenden. Den Streifen durch einen D-Ring führen und die Schnittkanten bündig versäubern. An beide Enden des Reißverschlusses auf die linke Seite eine Ringschlaufe nähen; die Ringe weisen nach außen.

11 Das Seiten-Bodenteil links auf links mit 5 mm Nahtzugabe auf das entsprechend große Futterteil heften und nähen. Die Schmalseiten versäubern.

12 Das Reißverschlussteil links auf rechts mit den Schmalseiten über die Schmalkanten des Seiten-Bodenteils stecken, knappkantig aufeinander nähen.

13 Wenn Sie die Tasche mit Tragegriffen arbeiten, schneiden Sie von der Naturleine zwei beliebig lange Stücke ab. Nähen Sie diese kantenbündig von rechts an die Oberkante des vorderen und hinteren Taschenteils; der Abstand zu den Seitenkanten beträgt 6,5 cm.

**14** Das Vorder- und Rückteil aus Futterstoff links auf links auf die entsprechenden Taschenteile stecken; entlang allen Kanten mit 5 mm Nahtzugabe eine Steppnaht arbeiten.

**15** Das Seiten-Boden-Reißverschlussteil rechts auf rechts und mit 1 cm Nahtzugabe an das Vorderteil stecken und nähen; eine Doppelnaht arbeiten. Die Arbeitsschritte am Rückteil wiederholen; zuvor den Reißverschluss etwas öffnen.

**16** Alle Nahtzugaben mit dem gelben Schrägband versäubern: Den Schrägstreifen hälftig bügeln und die Längskanten bündig einbügeln. Streifen über die Nahtzugabe schieben, aufstecken und steppen.

**17** Den gelben Ankerzuschnitt auf die rechte Seite eines blauen Stoffkreises aufbügeln. Entlang den Schnittkanten mit schmalen Satinstichen applizieren.

**18** Bei beiden Stoffkreisen entlang den Kanten einen Reihfaden einnähen. Auf die linke Seite einen Volumenvlies- und einen Plastikkreis legen. Reihfaden festhalten und den Stoff so einreihen, dass sich die Stoffkanten auf links einlegen; Enden der Reihfäden über die Mitte strahlenförmig vernähen.

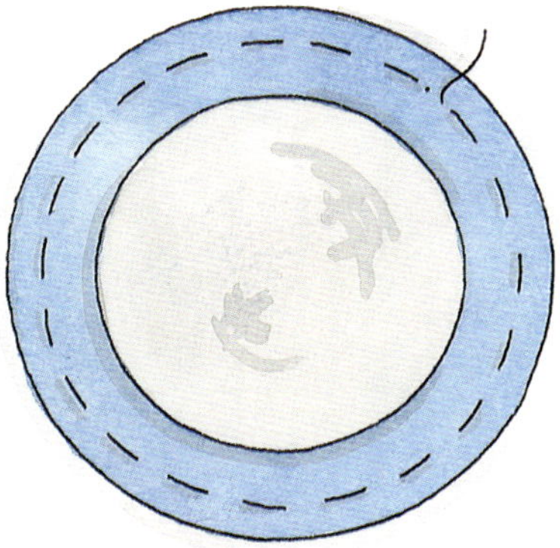

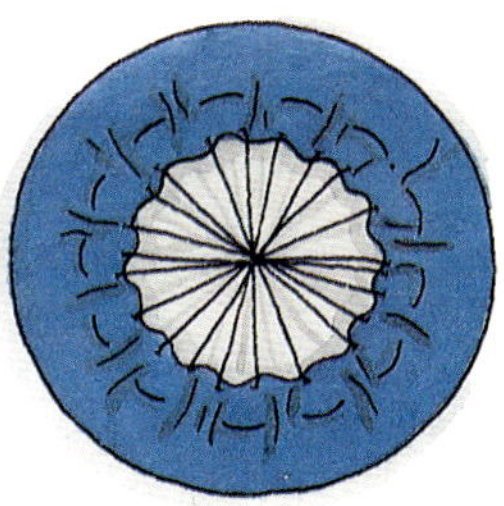

**19** Durch das Loch des Reißverschlussgriffs eine dünne Kordel ziehen; die Enden mittig auf der Rückseite eines Anhängerteils aufkleben. Beide Anhängerteile mit der Rückseite gegeneinander zusammenkleben; den Anker in einer Linie mit der Kordel ausrichten.

**20** Die Kanten mit Leiterstichen zusammennähen. Im Nahtverlauf eine dünne weiße Kordel aufnähen.

## REISSVERSCHLUSS VERDECKT EINNÄHEN

**1** Die beiden langen, verstürzten Kanten der Verschlussteile gegeneinander stoßend und mit der rechten Seite oben auf die Arbeitsfläche legen; die Schmalseiten kantenbündig ausrichten. Die Stoßkanten mit Heftgarn im Hexenstich aneinander nähen.

**2** Den Reißverschluss rechts auf links mittig über den Stoßkanten der Verschlussteile platzieren. Die Reißverschlussenden auf dem Futterstoff markieren, Reißverschluss beiseite legen und an den Markierungen quer nähen.

**3** Den Reißverschluss wieder auf die Mittellinie legen und die Bänder aufheften.

**4** Unter Einsatz des Reißverschlussfüßchens von rechts knapp entlang den Zähnen den Reißverschluss einsteppen. Nahtanfang und Ende gut sichern.

**5** Die Heftfäden entfernen.

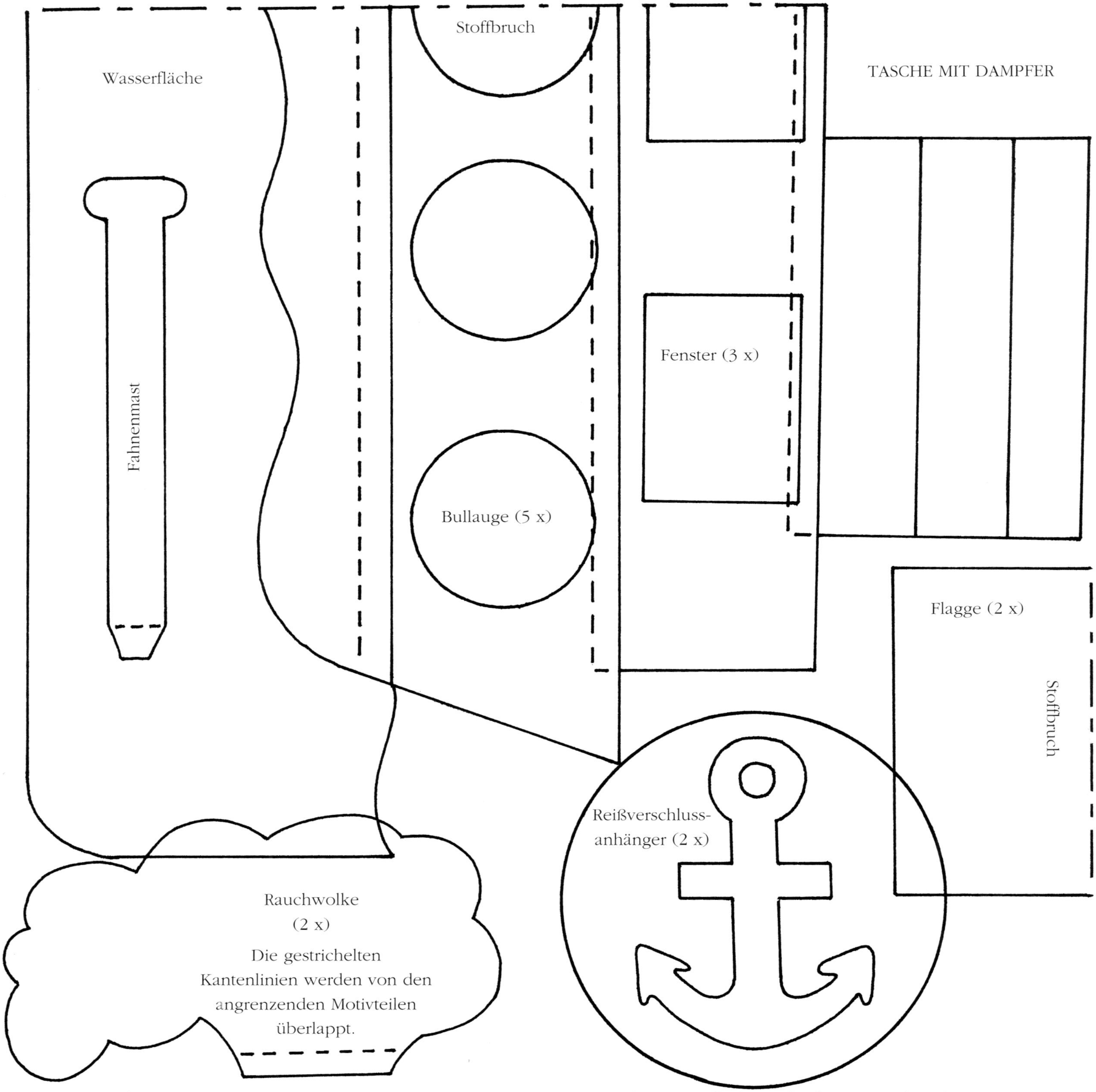


Die 48 x 12 cm große Wasserfläche für das Boden-Seitenteil wie bei der Wasserfläche wellenförmig zuschneiden.

# · POPPIGE BADEMÄNTEL ·

Ein preiswerter, vielleicht sogar selbst genähter unifarbener Bademantel braucht nur ein paar witzige Applikationen und schon sieht er aus, als hätten Sie ihn vom schicksten Kinderladen. Halten Sie sich an unseren Vorschlag oder wählen Sie ein anderes hübsches Motiv aus diesem Buch.

*Die Maßangaben gelten für einen Kinder-Bademantel Größe 110/116. Bei größeren Kindern passen Sie die Maße entsprechend an.*

## MATERIAL

- Kinder-Bademantel mit Kapuze
- 30 x 90 cm Frotteestoff in einer Kontrastfarbe
- Stoffreste aus Baumwollstoff für Gürtelfutter, Besätze und Applikationsmotive
- Etwas Volumenvlies
- Zackenlitze zum Verzieren
- 4 cm breiter Schrägstreifen zum Einfassen
- Zwei Knöpfe als Augen für die fischförmigen Taschen des blauen Bademantels

## ZUSCHNEIDEN

1 Die Länge des Halsausschnitts messen und 1 cm dazurechnen. Einen 4,5 cm breiten Stoffstreifen in der ermittelten Länge zuschneiden.

2 Für die Aufhängeschlaufe ein Rechteck von 7,5 x 2,5 cm aus Baumwollstoff schneiden.

3 Für den Ärmelbesatz den Umfang des Ärmelsaums messen und 1 cm dazurechnen. Zwei 9 cm breite Streifen in der ermittelten Länge zuschneiden.

4 Umfang des Mantelsaums messen und 15 cm dazurechnen. In dieser Länge einen 9 cm breiten Stoffstreifen aus dem gleichen Stoff wie für die Ärmel schneiden.

5 Die Applikationsvorlagen finden Sie auf Seite 79. Den Pinguin abpausen und Schablonen anfertigen. Schablonen mit der rechten Seite nach oben auf die rechte Stoffseite legen, Umrisse aufzeichnen und die Motivteile zuschneiden.

6 Für die aufgesetzten fischförmigen Taschen vergrößern Sie die Vorlage des Pantoffeloberteils um 35 Prozent. Zwei Körper und zwei Schwanzflossenteile aus Stoff zuschneiden. Die gesamte Fischform auch zweimal aus Volumenvlies und Futter zuschneiden.

7 Länge und Breite des Gürtels ausmessen und 1 cm dazurechnen. Den Gürtel einmal aus Frottee- und einmal aus Baumwollstoff zuschneiden.

## NÄHEN

1 Für den Halsausschnitt die Kanten des Stoffstreifens rundum 5 mm auf links einschlagen und bügeln.

2 Den Streifen, links auf links, mittig über der Naht des Halsausschnitts ausrichten und stecken. Rundum heften und knappkantig aufsteppen.

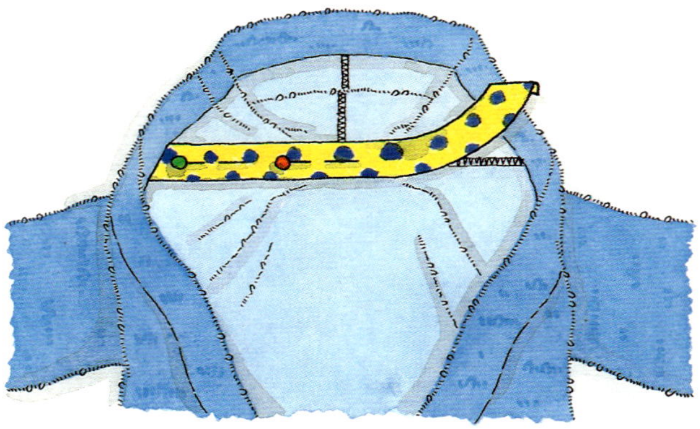

3 Für die Aufhängeschlaufe die Längskanten des Stoffrechtecks auf links einschlagen, dann kantenbündig falten und bügeln; rundum knappkantig absteppen.

4 Die Schlaufe 2 cm unterhalb der Halsausschnittnaht horizontal auf der hinteren Mitte ausrichten. Die Enden einschlagen und stecken. Bevor Sie die Schlaufe annähen, achten Sie darauf, dass diese eine leichte Wölbung bildet.

5 Den Stoffzuschnitt für den Ärmelbesatz rechts auf rechts in der Breite falten und an den Schmalkanten zum Ring schließen.

6 Die Längskanten 5 mm einschlagen, bügeln und wieder aufklappen.

7 An beiden Ärmelsaumkanten rundum 4 cm abmessen und durch eine Linie markieren. Den Besatz rechts auf rechts über den Ärmel schieben. Die Besatzoberkante 4 cm oberhalb der Ärmelsaumkante aufheften und nähen.

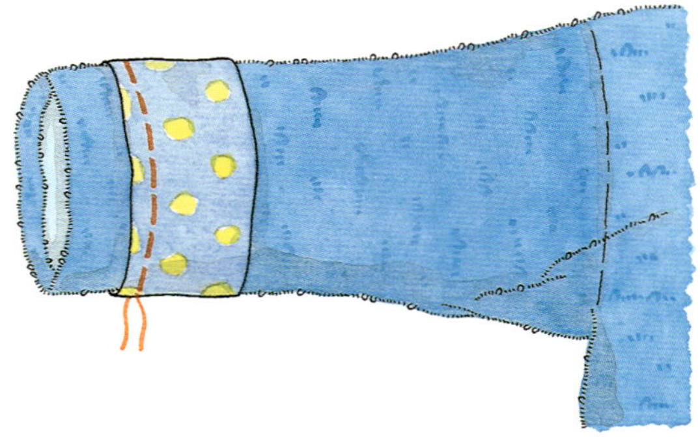

8 Die lose Besatzkante über die Naht ins Ärmelinnere schlagen, bügeln, heften und mit Saumstichen festnähen.

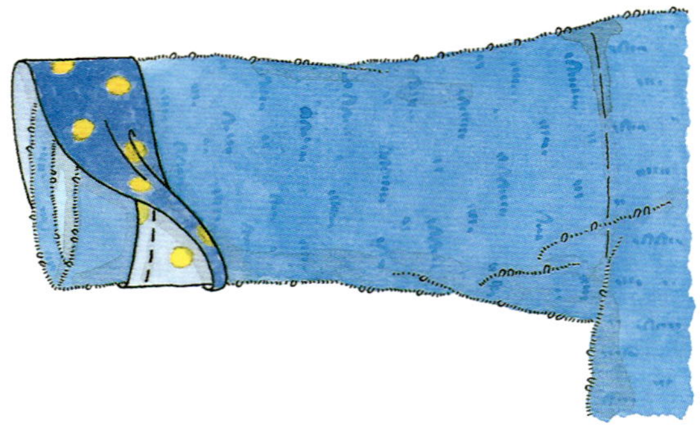

9 Den Stoffzuschnitt für den Saumbesatz an den Längskanten 5 mm einbügeln.

10 Die Streifenlänge ausmitteln; von der Mitte des Mantelrückteils ausgehend entlang der Saumkante auflegen. Die Enden stehen an beiden Seiten über.

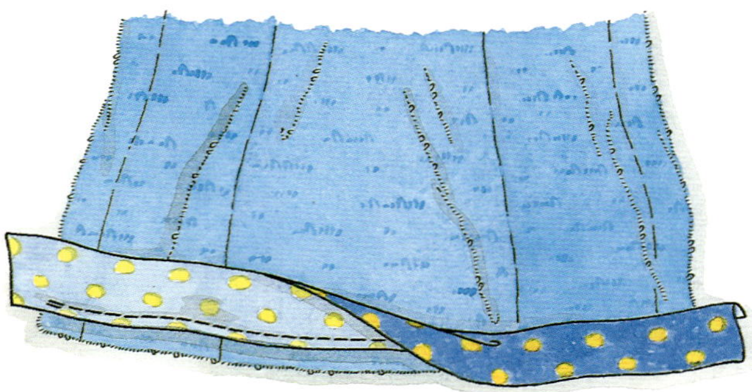

Die Besatzoberkante 4 cm oberhalb der Bademantelsaumkante feststecken und nähen. Die lose Besatzkante über die Naht zur Saumkante hinschlagen; entlang der Naht bügeln. Die überstehende Besatzkante zur Mantelinnenseite legen, heften und mit Saumstichen befestigen.

**11** Die überstehenden Besatzenden ebenfalls zur Mantelinnenseite legen, heften und mit Saumstichen gut befestigen.

**12** Für die aufgesetzten, fischförmigen Taschen das Schwanzflossenteil rechts auf rechts auf das Körperteil heften, nähen und bügeln. Den Futterstoffzuschnitt rechts auf rechts auf das Taschenoberteil und darauf das Vlies legen. Die drei Lagen entlang den Seiten und der Rundung heften und nähen. Tasche auf rechts wenden und bügeln.

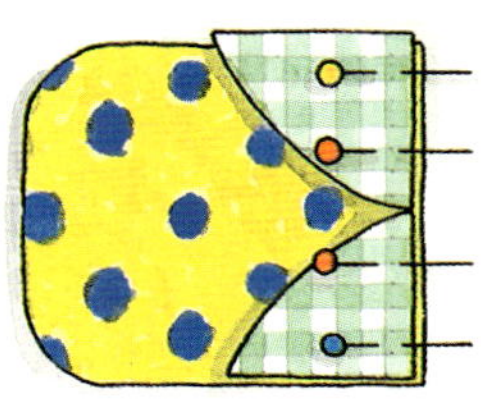

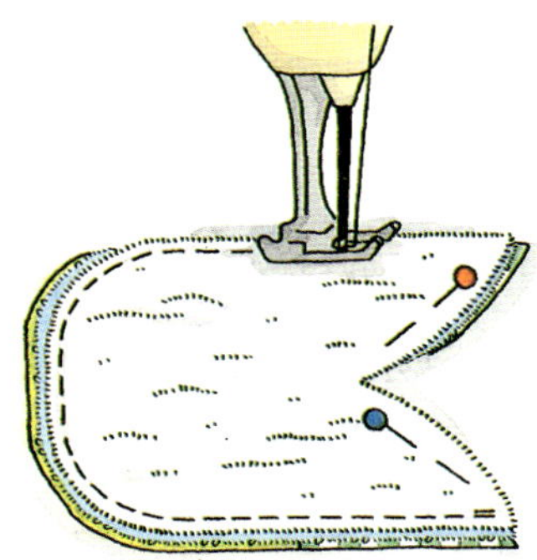

**13** Die Eingriffskanten einfassen. Auf die Naht von Körper und Schwanzflosse die Litze aufnähen.

**14** Die Taschen auf den Bademantel heften und aufsteppen. Als Auge einen Knopf, für das Maul ein Stück Schrägstreifen aufnähen.

**15** Bei der Pinguin-Applikation entlang den Kanten der Zuschnittteile 5 mm Nahtzugabe einbügeln. Die Teile wie abgebildet anordnen und mit Blindstichen auf die Taschen applizieren. (Beachten Sie auch auf Seite 109 „Stiche".)

**16** Für den Gürtel die Zuschnittteile aus Frottee und Baumwolle rechts auf rechts kantenbündig legen und rundum bis auf eine kleine Öffnung zusammennähen.

**17** Den Gürtel auf rechts wenden und die Öffnung schließen. Rundum absteppen.

# · WITZIGE PANTOFFELN ·

Superpraktisch fürs Bad sind solche weichen Schlupfpantoffeln. Von der Form her passen sie perfekt zum blauen Bademantel mit den fischförmigen Taschen.

***Die Vorlage entspricht der Schuhgröße eines sechsjährigen Kindes. Sie können sie individuell anpassen.***

## MATERIAL

- Robuster Stoff für die Sohlen
- Zwei feste Baumwollstoffe für die Oberteile
- Volumenvlies für Sohlen und Oberteile
- Frotteestoff als Innenfutter
- Schrägband in einer Kontrastfarbe

## ZUSCHNEIDEN

**1** Von den Vorlagen auf Seite 79 Schablonen anfertigen. Zwei Stoffsohlen aus dem robusten Stoff, dem Frotteestoff und dem Volumenvlies zuschneiden.

**2** Die Oberteile zweimal aus den festen Stoffen sowie die gesamte Fischform zweimal aus Frottee und Volumenvlies schneiden.

## NÄHEN

**1** Für die Sohlen den robusten Stoff mit der rechten Seite nach unten auflegen, darüber das Vlies-, dann das Frotteeteil, rechte Seite nach oben, platzieren. Die drei Lagen entlang den Kanten aufeinander heften.

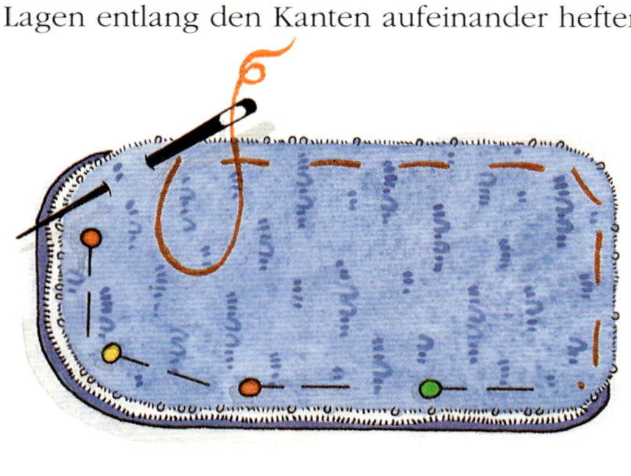

**2** An der halben Längsseite der Sohle beginnend die Fersenkante bis zur gegenüberliegenden halben Längsseite mit Schrägband einfassen. Den Rest der Sohle mit Zickzack- oder Überwendlichstichen versäubern.

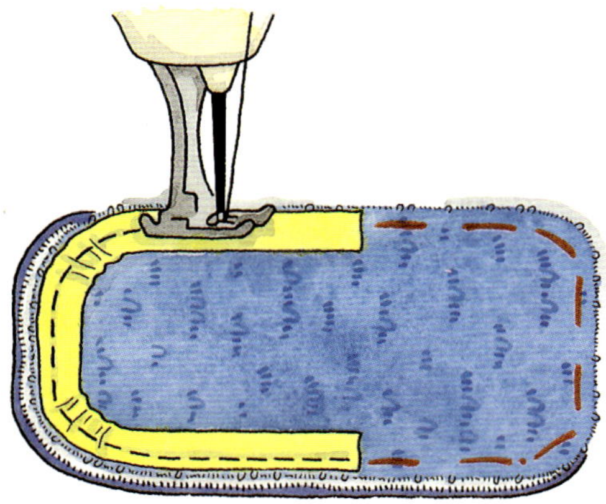

**3** Für die Pantoffeloberteile das Flossenteil rechts auf rechts und mit 5 mm Nahtzugabe an die Vorderkappe nähen. Die Nahtzugaben zuerst ausbügeln, dann zur Kappe hinbügeln.

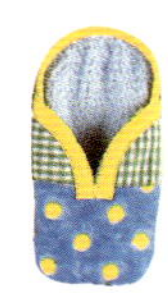

4 Das Frotteefutter mit der rechten Seite nach unten auflegen, darauf das Vlies und darüber das Oberteil mit der rechten Seite nach oben platzieren. Mit 5 mm Nahtzugabe alle drei Lagen aufeinander heften.

5 An den Oberteilen die V-förmige Kante mit Schrägband verstürzen. Das Band kantenbündig, entweder von der Futterseite oder von der Oberseite aus, wie abgebildet aufnähen. Die lose Bandkante zur Gegenseite umschlagen.

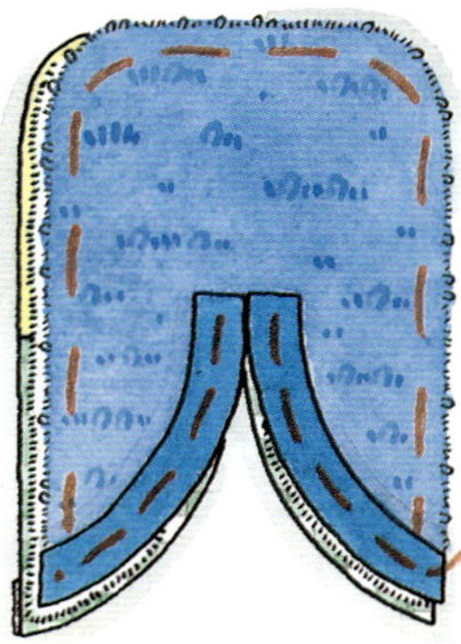

6 Mit den Stoffseiten aufeinander liegend das Pantoffeloberteil und die Sohle mit 5 mm Nahtzugabe zusammenheften und steppen; Kanten versäubern.

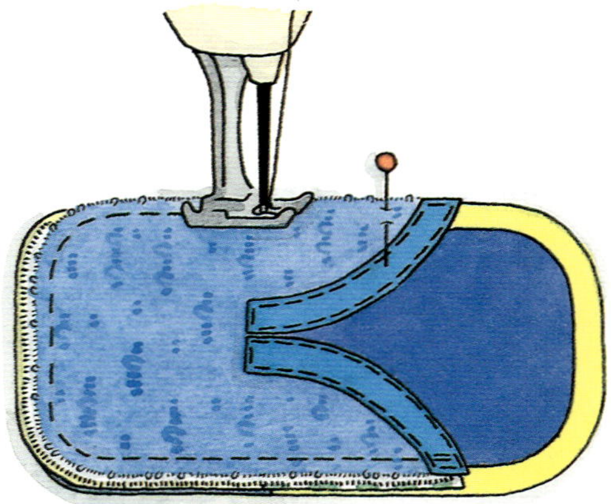

7 Nahtanfang und -ende mit Extrastichen sichern.

8 Pantoffel auf rechts wenden. An der Stelle, wo die Schrägstreifen von Ober- und Fersenteil aufeinander treffen, sorgfältig mit Handstichen sichern.

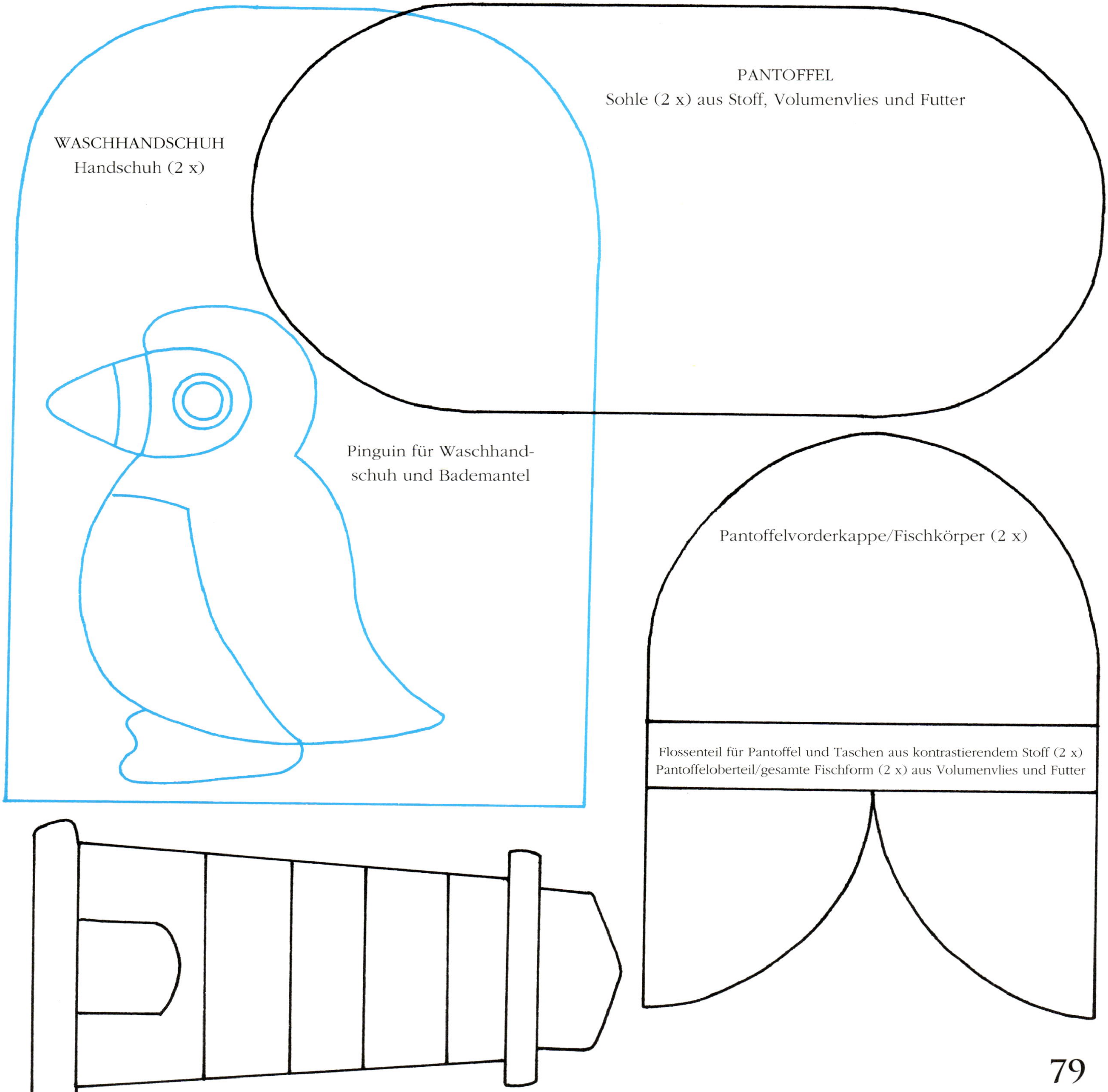


Leuchtturm für Waschhandschuh

# · BADETUCH MIT KAPUZE ·

Sehr praktisch sind Badetücher mit Kapuze. Wählen Sie eines der reizvollen Applikationsmotive aus diesem Buch aus und verkleinern Sie es so, dass es auf die Kapuze passt.

*Fertige Größe: 75 x 75 cm*

## MATERIAL

- Frottee-Badetuch, ca. 80 x 80 cm groß, oder Frotteestoff in entsprechender Größe
- Quadratischer Frotteewaschlappen, 30 x 30 cm groß
- 50 cm langer, 6,5 cm breiter, im Fadenlauf geschnittener Stoffstreifen zum Einfassen der Kapuzenkante
- Schrägstreifen, 4 cm breit, die Länge entspricht dem Umfang des Badetuches plus 3 cm
- Stoffreste für die Applikationsmotive
- Etwas Volumenvlies

## ZUSCHNEIDEN

**1** Schneiden Sie bei einem gekauften Badetuch die eingesäumten Kanten ab. Es sollte dann noch eine Größe von 75 x 75 cm haben. Meterware entsprechend zuschneiden.

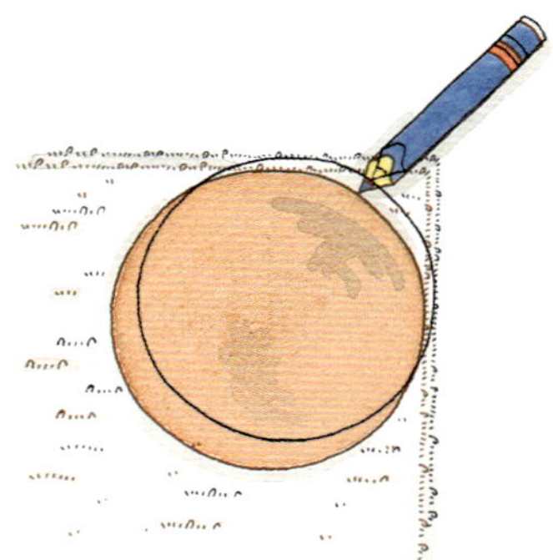

**2** Um eine Badetuchecke abzurunden einen kleinen Teller als Schablone so weit in eine Ecke schieben, bis der Rand die Schnittkanten berührt. Die Tellerrundung markieren und zuschneiden.

**3** Für das vordere Kapuzenteil zuerst die Kanten des Waschlappens abschneiden, dann das Stoffquadrat diagonal auseinander schneiden.

**4** Bei einem der Stoffdreiecke die rechtwinklige Ecke wie oben beschrieben abrunden. Das zweite Dreieck anderweitig verwerten.

**5** Von der runden Ecke zur langschenkligen, im schrägen Fadenlauf geschnittenen Kante sollte das Kapuzenteil 16 cm messen.

**6** Die Länge der im schrägen Fadenlauf geschnittenen Kante messen und 3 cm dazurechnen. Den 6,5 cm breiten Stoffstreifen auf diese Länge kürzen.

**7** Den Gesamtumfang des Badetuchs messen, 3 cm dazurechnen und einen entsprechend langen, 4 cm breiten Schrägstreifen schneiden. Bei Verwendung eines Bandformers muss der Schrägstreifen auf die dafür erforderliche Breite zugeschnitten werden.

**8** Für die Applikation von den abgebildeten Vorlagen ein Motiv aussuchen und Schablonen anfertigen. Schablonen mit der rechten Seite nach oben auf die rechte Stoffseite stecken und die Teile ausschneiden.

## NÄHEN

**1** Für die Kapuzeneinfassung an den Längskanten des 6,5 cm breiten Stoffstreifens 5 mm einbügeln.

**2** Streifen links auf links der Länge nach kantenbündig falten und bügeln.

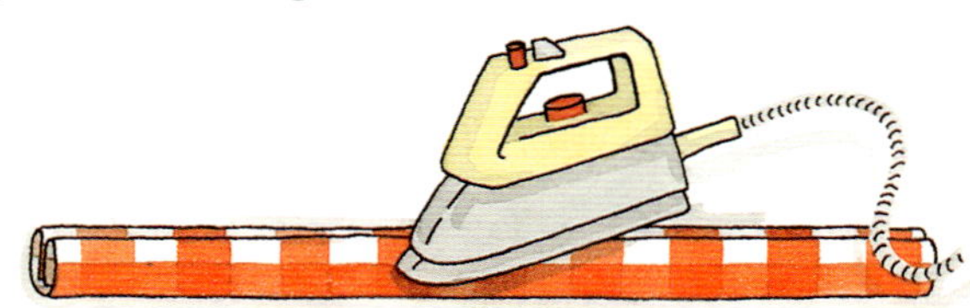

3 Einfassungsstreifen über die im schrägen Fadenlauf geschnittene Kapuzenkante schieben, aufsteppen. Überstehende Enden im Schnittkantenverlauf des Kapuzenteils abschneiden.

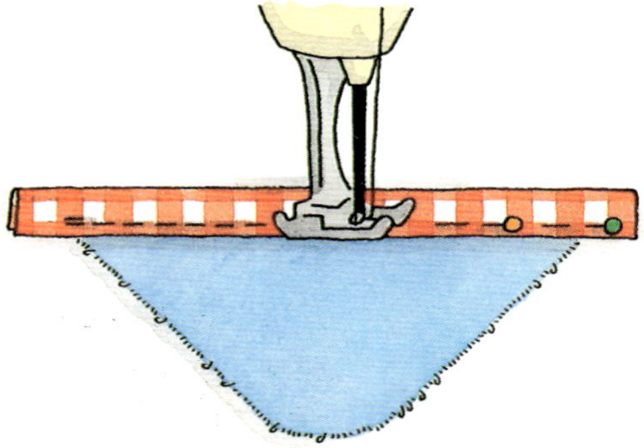

4 Die Pinguin-Applikation anordnen. Die Kanten einbügeln und mit Blindstichen applizieren.

5 Bei der Dampfer-Applikation können Sie einen plastischen Effekt erzielen, wenn Sie etwas Volumenvlies unter die Bullaugen legen, bevor Sie die Kanten einschlagen und mit Blindstichen applizieren. Anschließend nähen Sie die Rauchfahne mit kontrastierendem Garn sichtbar auf.

6 Das Kapuzenteil mit der rechten Seite nach oben auf eine Ecke des Badetuchs legen, kantenbündig ausrichten und aufheften.

7 Entlang den Längskanten des Schrägstreifens 5 mm Nahtzugabe einschlagen und bügeln.

8 Den Schrägstreifen der Länge nach links auf links kantenbündig falten, bügeln und wieder aufklappen.

9 Eine Längskante des Streifens entlang den Badetuchkanten (etwas zurückversetzt) aufsteppen; an den Rundungen einhalten. Lose Streifenkante zur Badetuchrückseite schlagen und auf die Naht nähen.

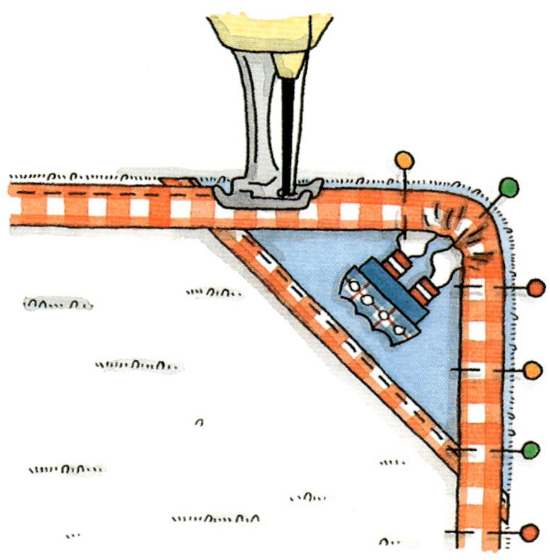

• *Das* •

# SCHLAFZIMMER

# · EULEN-QUILT ·

Eine ganze Eulenfamilie hat sich im Kinderzimmer eingenistet und bewacht zusammen mit Mond und Sternen den kleinen Schläfer. Fantasievolle Stoffkombinationen lassen jede Eule anders aussehen. Da haben wir Frau Nachteule, Herrn Kauzig, Frau Schuhu ...

***Fertige Größe: 216,5 x 139 cm***

## MATERIAL

- 50 x 120 cm nachtblauer Stoff für acht Eulenblöcke
- 50 x 120 cm mittelblauer Stoff für acht Eulenblöcke
- Reste von Karostoffen für Körper, Flügel und Augen
- 55 x 120 cm blauweiß karierter Stoff für den Sternhintergrund
- 55 x 120 cm dunkelblauer Stoff für den Mondhintergrund
- 60 x 120 cm gelber Stoff für 20 Sterne
- 55 x 120 cm gelbweißer Minikarostoff für 20 Monde
- 22 x 120 cm von vier verschiedenen kleinkarierten Stoffen; zwei helle und zwei dunkle Farbtöne für die Blockumrandung
- 220 x 30 cm blaubeige karierter Stoff für die Außenumrandung
- 210 x 20 cm rotweiß karierter Stoff für die schmale Innenumrandung
- 220 x 143 cm Stoff für das Rückteil
- 216,5 x 139 cm Volumenvlies
- Haftvlies für die Eulen, Monde und Sterne
- Stickgarn

## ZUSCHNEIDEN

**1** Acht 24 x 24 cm große Quadrate aus dem nachtblauen Stoff zuschneiden.

**2** Acht 24 x 24 cm große Quadrate aus dem mittelblauen Stoff zuschneiden.

**3** Zwanzig 16,5 x 16,5 cm große Quadrate aus dem blauweiß kariertem Stoff für den Sternhintergrund

**4** Für die Mondhintergründe zwanzig 16,5 x 16,5 cm große Quadrate aus dem dunkelblauen Stoff schneiden.

**5** Aus jedem der vier klein karierten Stoffe 5 cm breite Block-Umrandungsstreifen schneiden: acht 24 cm und acht 32 cm lang (insgesamt 64 Streifen).

**6** Zwei 141 cm lange, 7 cm breite Streifen für die blaubeige karierte Außenumrandung zuschneiden.

**7** Zwei 218,5 cm lange, 7 cm breite Streifen für die blaubeige karierte Außenumrandung zuschneiden.

**8** Zwei 129 cm lange, 2,5 cm breite Streifen für die schmal rotweiß karierte Innenumrandung schneiden.

**9** Zwei 206,5 cm lange, 2,5 cm breite Streifen aus dem rotweiß karierten Stoff für die Innenumrandung zuschneiden.

**10** Von den Vorlagen Eule, Mond und Stern Schablonen anfertigen. Die Eulen-Schablone mit der rechten Seite nach unten auf die Papierseite des Haftvlieses legen und die Umrisse übertragen: 16-mal Körper, Nase und Flügelpaar; außerdem 32 Augen und Füße.

**11** Die Motivteile großzügig ausschneiden und auf die linke Seite der passenden Applikationsstoffe bügeln, dann exakt ausschneiden.

**12** Die Schablone von Mond und Stern auf die Papierseite des Haftvlieses legen; die Umrisse übertragen: Jedes Motiv 20-mal aufzeichnen. Die Formen groß-

EULEN-QUILT

zügig ausschneiden und auf die linke Seite der Applikationsstoffe bügeln. Motive exakt ausschneiden.

## NÄHEN

1 Entsprechend der Vorlage einen Eulenkörper und ein Flügelpaar in die Mitte der Blockquadrate legen, dabei die Flügel unter dem Körper platzieren. Die Motivteile aufbügeln. Beachten Sie auch Seite 110 „Applikationen mit Haftvlies“.

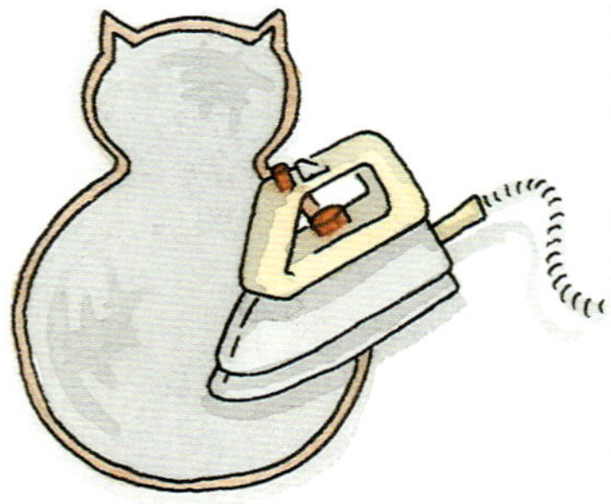

2 Das Eulen-Motiv entlang den Schnittkanten im Satinstich applizieren.

3 Die Augen, Schnäbel und Füße entsprechend der Vorlage dem Eulenkörper anpassen und fixieren. Die Kanten im Satinstich applizieren. Jedes Blockquadrat bügeln.

4 Monde und Sterne auf die rechte Seite der 16,5 x 16,5 cm großen Stoffquadrate auflegen und mittig aufbügeln.

5 Entlang den Schnittkanten Monde und Sterne im Satinstich applizieren. Jedes Stoffquadrat bügeln.

6 Die 24 cm langen Umrandungsstreifen rechts auf rechts und kantenbündig mit 5 mm Nahtzugabe an Ober- und Unterkante der Eulenblöcke stecken und nähen; Nahtzugaben zuerst ausbügeln, dann nach außen bügeln. Die 32 cm langen Umrandungsstreifen rechts auf rechts und kantenbündig ebenfalls mit 5 mm Nahtzugabe an die Seitenkanten der Eulenblöcke stecken und nähen; dabei über die Schmalseiten der kürzeren Streifen nähen. Die Nahtzugaben zuerst ausbügeln, dann nach außen bügeln.

7 Jeder Block hat nun eine Größe von 32 x 32 cm.

8 Mit 5 mm Nahtzugabe die Eulenblöcke rechts auf rechts aufeinander stecken und zu Viererreihen zusammennähen.

9 Mit 5 mm Nahtzugabe die Mond- und Sternblöcke entsprechend der Abbildung abwechselnd aufeinander nähen. Die Nahtzugaben von der Mitte ausgehend nach außen bügeln.

10 Diesen Vorgang wiederholen, bis Sie fünf Reihen mit acht Mond- und Sternblöcken fertig haben.

**11** Eine Eulenreihe rechts auf rechts auf eine Mond- und Sternreihe stecken und mit 5 mm Nahtzugabe zusammensteppen. Auf diese Weise alle Reihen in wechselnder Abfolge aneinander nähen; mit einer Mond- und Sternreihe enden. Die Nahtzugaben von der Mitte ausgehend nach außen bügeln.

**12** Für die schmale, rotweiß karierte Innenumrandung eine Längskante der kürzeren Stoffstreifen rechts auf rechts entlang Ober- und Unterkante der Quilt-Bildfläche aufstecken und mit 5 mm Nahtzugabe annähen. Die längeren rotweiß karierten Stoffstreifen an die Seitenkanten nähen. Wie Sie diagonale Ecken arbeiten, entnehmen Sie der Anleitung auf Seite 111.

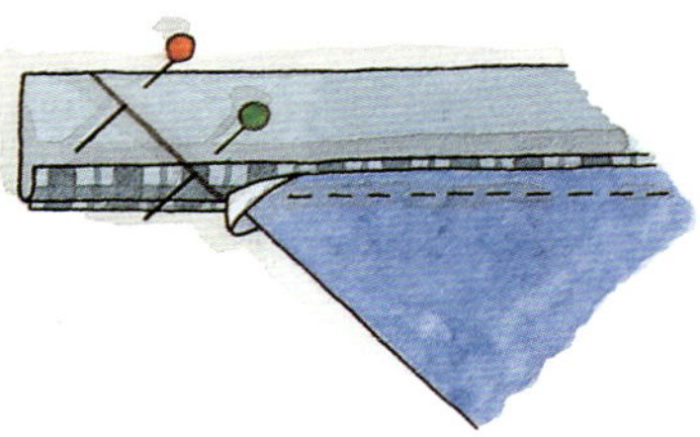

**13** Die blaubeige karierte Außenumrandung wie die Innenumrandung arbeiten. Entlang den Außenkanten des Eulenteils 5 mm Nahtzugabe auf links einbügeln.

**14** Den Rückteilstoff mit der rechten Seite nach unten auf einer glatten Fläche ausbreiten. Zuerst das Volumenvlies, dann das Oberteil, rechte Seite nach oben, mittig darauf platzieren. Der Rückteilstoff sollte mindestens 2 cm größer als das Oberteil und die Wattierung sein.

**15** Die drei Lagen von der Mitte ausgehend horizontal, vertikal und diagonal aufeinander heften.

**16** Den Quilt mit rotem Stickgarn an den Eckpunkten der Blockquadrate abbinden: Die Nadel vom Oberteil aus durch alle Lagen hindurchstechen, dann 2 mm neben dem Stich zum Oberteil zurückstechen. Einen Weberknoten (Seite 113) arbeiten und die Fadenenden auf 1,5 cm Länge abschneiden.

**17** Die Heftnähte auf 2,5 cm Kantenabstand zum Oberteil auftrennen. Die Kanten des Rückteilstoffs über das Volumenvlies nach innen schlagen und im Leiterstich kantenbündig an die Oberteilkante nähen.

# · GUTE-NACHT-KISSEN ·

Warum Eulen nach Athen tragen, wenn sie so gut beim Einschlafen helfen!

*Fertige Größe: 71 x 39 cm*

## MATERIAL

- Fünf 90 cm lange, 10 cm breite Stoffstreifen in verschiedenen Blautönen für den Himmel als Hintergrund
- Verschieden gemusterte grüne Stoffreste mit einer Mindestkante von 15 cm Länge für den Zaun
- Stoffreste für Mond, Sterne, Schnabel, Augen, Füße und Flügel
- Drei verschieden gemusterte braune Stoffe für die Eulen: ein 25 x 25 cm großes Quadrat für die große Eule, zwei 18 x 18 cm große Quadrate für die kleinen Eulen
- Drei Stoffquadrate mit 12 cm Kantenlänge für die Eulenbrust
- Batist für die Eulenrückseite: ein Quadrat mit 25 cm und zwei Quadrate mit 18 cm Kantenlänge
- Volumenvlies für jede Eule: ein Quadrat mit 25 cm und zwei Quadrate mit 18 cm Kantenlänge
- 75 x 60 cm für das Kissenrückteil
- 2,30 m dünne Einziehkordel
- 40 x 50 cm blauer Stoff für Schrägstreifen
- ein Inlettkissen, ca. 71 x 39 cm

## ZUSCHNEIDEN

1 Für den Himmel zehn 90 cm lange, 5 cm breite Streifen aus den verschiedenen blauen Stoffen schneiden.

2 Für den Zaun 21 Streifen schneiden, je 14 cm lang und 4,5 cm breit.

3 Von den Motiven große und kleine Eule, Mond und Stern (auf den Seiten 91 und 126) Schablonen anfertigen. Jede Eule besteht aus Körper, Flügelpaar, Augen und einer runden Brustfläche. Jede Schablone mit der rechten Seite nach oben auf die rechte Seite der Stoffreste legen und die Umrisse übertragen. Alle Motivteile ausschneiden.

4 Die Eulenkonturen auf die Vliesquadrate übertragen.

5 Für die Anfertigung der Schnurpaspel 3 cm breite Schrägstreifen aus dem blauen Stoff schneiden.

6 Für das Kissenrückteil zwei 72 x 28 cm große Rechtecke schneiden.

## NÄHEN

1 Die zehn Streifen für den Himmel an den Längskanten rechts auf rechts mit 5 mm Nahtzugabe zusammennähen; Nahtzugaben in eine Richtung bügeln.

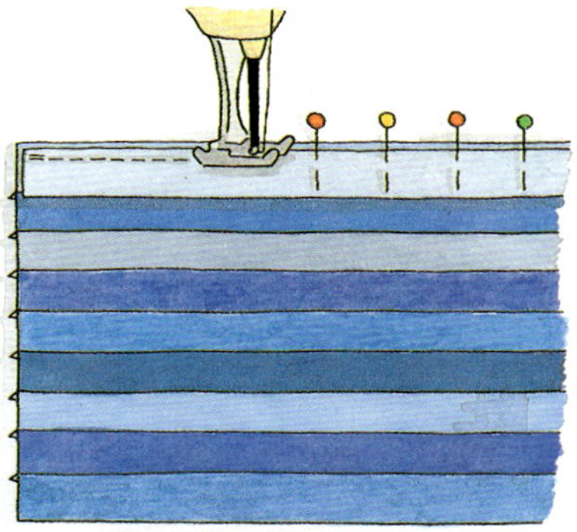

2 Auf dem zusammengesetzten Streifenrechteck im rechten Winkel zu den Längskanten 5 cm breite Streifen abmessen und markieren. Die Streifen zuschneiden und eventuell aufgehende Nähte nachnähen.

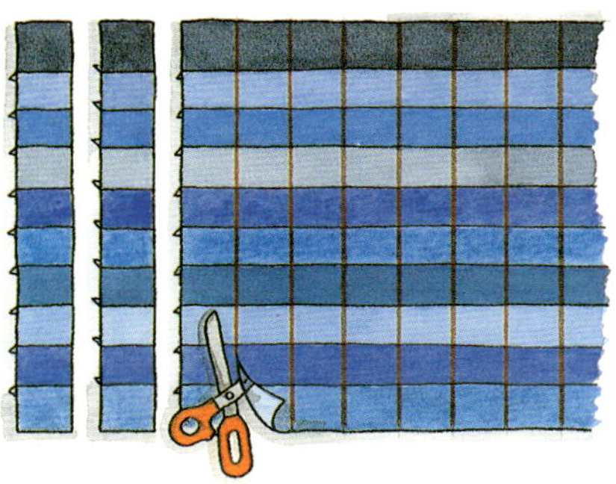

3 Die Streifenabschnitte diagonal zur Tischkante so auflegen, dass die Farbtöne der Stoffrechtecke versetzt zueinander liegen. Die Längskanten zusammennähen; die Verbindungsnähte der Stoffrechtecke müssen aufeinander treffen. Eine 72 x 27 cm große Papierschablone auflegen, den Umriss aufzeichnen, dann den Himmel zuschneiden.

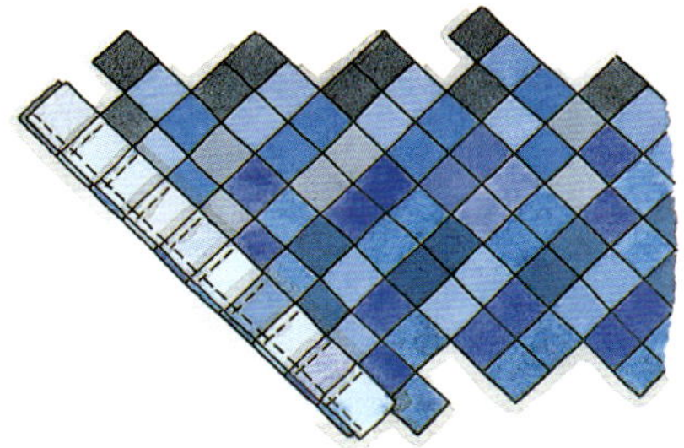

4 Für den Zaun die bedruckten grünen Stoffstreifen im Wechsel der Länge nach mit 5 mm Nahtzugabe zusammennähen; Nahtzugaben in eine Richtung bügeln.

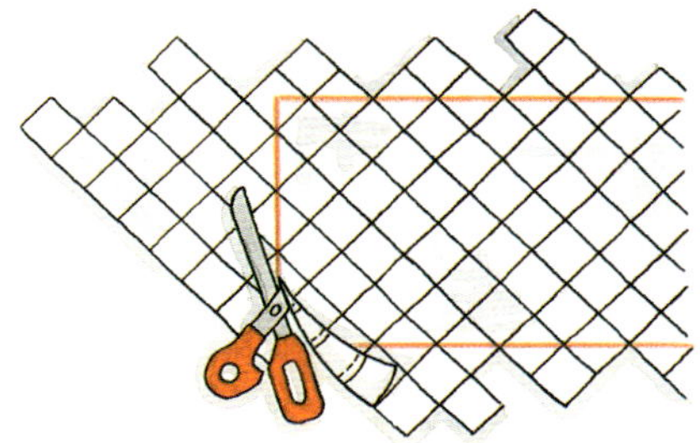

5 Himmel und Zaun mit 5 mm Nahtzugabe verbinden. Überstehende Schmalkanten des Zauns abschneiden; Nahtzugaben zum Zaun bügeln.

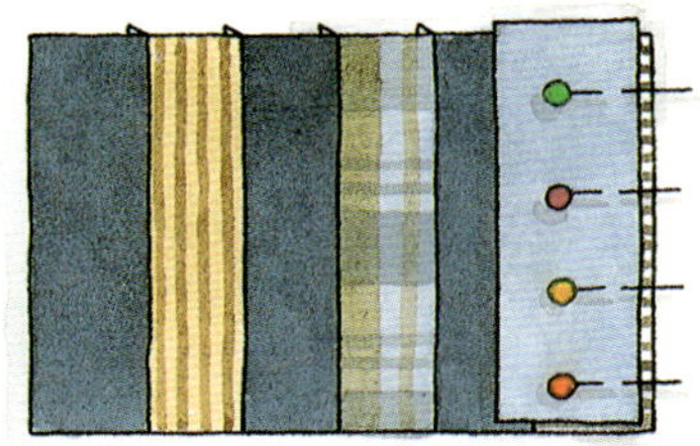

6 Für die Eulen die Batistquadrate einzeln auflegen, darauf ein Volumenvliesquadrat, dann ein Flügelpaar mit der rechten Seite nach oben platzieren; heften und steppen.

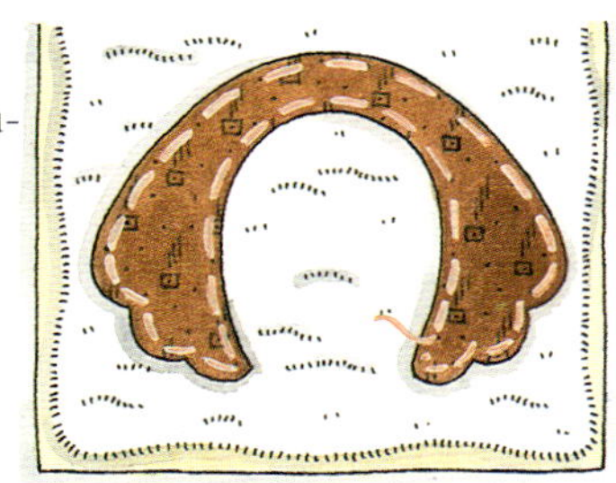

7 Die Eulenkörper auf einem Flügelpaar platzieren und entlang der Außenkante aufsteppen; ebenso die Brustfläche, den Schnabel, die Augen und die Füße. Die Eulen ausschneiden.

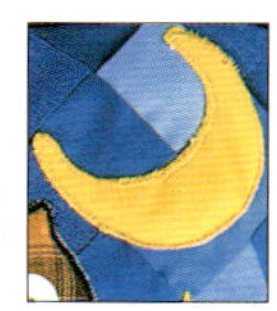

8 Im mittelbreiten Satinstich die inneren Motivformen entlang den Schnittkanten applizieren.

9 Entsprechend der Abbildung die Eulen so auf das Kissenvorderteil stecken, dass sie mit den Füßen den Zaun überlappen; entlang der Körperaußenkante aufheften.

10 Die Eulen entlang der Körperaußenkante im breiten Satinstich auf das Vorderteil applizieren.

11 Mond und Sterne auf dem Vorderteil anordnen, aufstecken und im Satinstich applizieren.

12 Für den Hotelverschluss die Kissenrückteile mit zwei Längskanten aneinander stoßend, mit der linken Stoffseite oben, auflegen. Entlang diesen Längskanten 5 mm Nahtzugabe einschlagen, dann 4 cm umschlagen und bügeln. Einschlag- und Umschlagkante knappkantig absteppen.

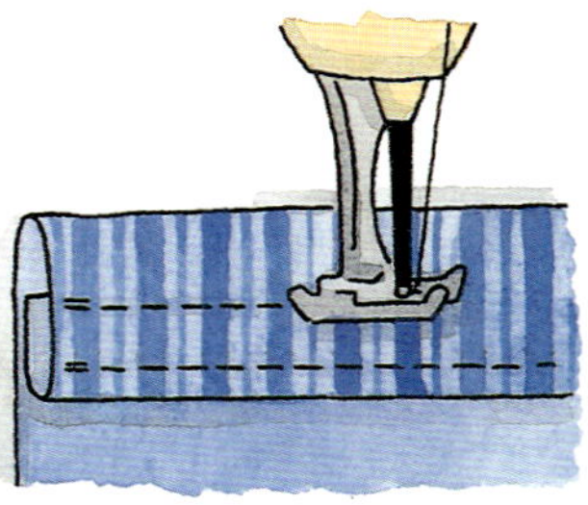

13 Beide Rückteile mit der rechten Seite nach unten auf einer glatten Fläche ausbreiten. Die beiden gesäumten Längskanten so weit übereinander legen, bis die Höhe des Kissens 40 cm beträgt. Die Lagen entlang den Seitenkanten stecken und aufeinander nähen.

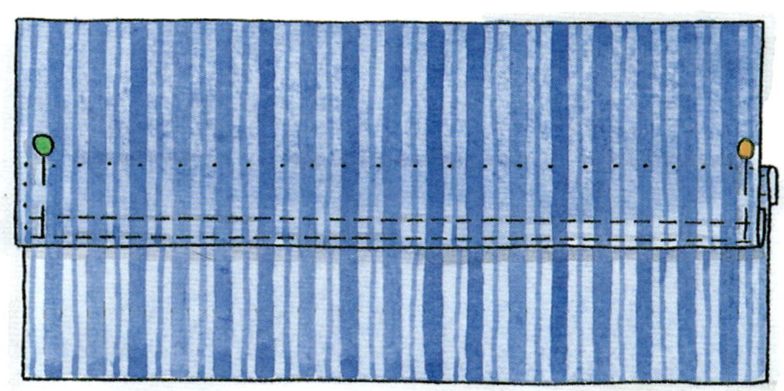

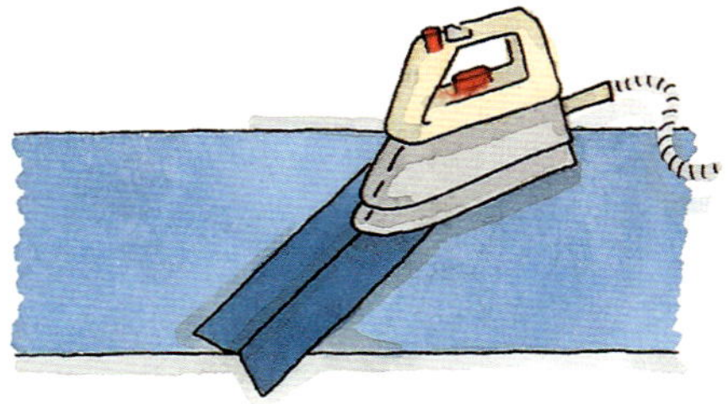

14 Die Schrägstreifenzuschnitte für die Schnurpaspel entlang den schrägen Schmalkanten mit 5 mm Nahtzugabe zu einem 2,50 m langen Streifen zusammennähen; Nahtzugaben auseinander bügeln.

15 Die Kordel längsseits in die Mitte des Schrägstreifens legen. Schrägstreifenkanten über die Kordel bündig legen; knapp entlang der Kordel zusammenheften, dann unter Einsatz des Reißverschlussfüßchens zusammensteppen. Die Schnurpaspel rechts auf rechts schnittkantenbündig auf das Kissenvorderteil stecken. An den Ecken die Nahtzugaben bis knapp zur Nahtlinie einkerben und die Paspel etwas einhalten, damit sie sich später beim Verstürzen besser über die Ecken legt.

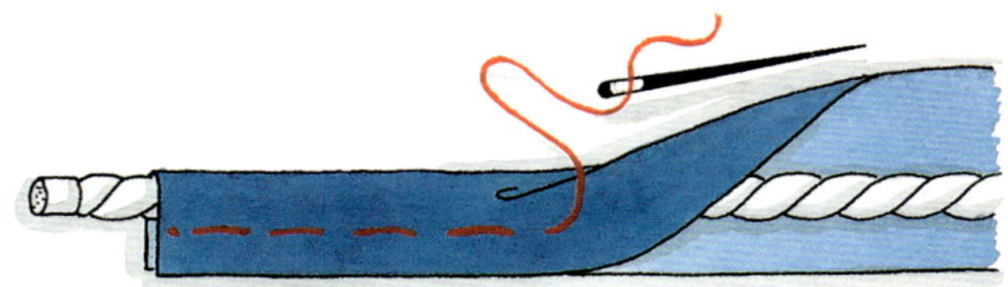

16 Das Kissenrückteil rechts auf rechts auf das Vorderteil legen und die Lagen inklusive Paspelband zusammenstecken. Unter Einsatz des Reißverschlussfüßchens nah entlang der Einziehkordel durch alle Lagen nähen. Die Ecken etwas abschrägen und die Nahtzugaben zusammen versäubern.

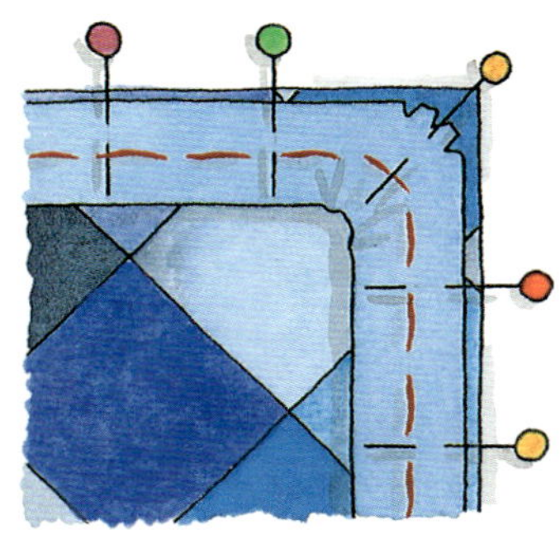

17 Rechte Seite des Kissens durch die Verschlussöffnung nach außen wenden und mit dem Dampfbügeleisen abbügeln oder mit Hilfe eines feuchten Tuches dämpfen. Das Inlettkissen mit der Kissenhülle überziehen.

MOND, STERN UND EULE FÜR DAS
GUTE-NACHT-KISSEN
DIE KLEINE EULE FINDEN
SIE AUF SEITE 126

# · WANDBEHANG MIT KATZE ·

Friedlich schlummert Fräulein Miezekatze auf einer Frühlingswiese zwischen lauter weißen Gänseblümchen. Den Rahmen des Wandbehangs zieren Mond und Sterne.

*Fertige Größe: 40,5 x 31 cm*

## MATERIAL

- 15 x 30 cm blauweiß karierter Stoff für den Hintergrund
- 30 x 35 cm grüner Baumwollstoff für den Hintergrund, die seitlichen Umrandungsstreifen und die Dreiecke an der Unterkante
- 40 x 75 cm mittelblauer Baumwollstoff für den Hintergrund, die Eckquadrate der Umrandung, das Rückteil und die Tasche auf dem Rückteil
- 25 x 25 cm rotbeige karierter Baumwollstoff für die Katze
- 20 x 35 cm gelber Baumwollstoff für zwei Umrandungsstreifen und zwei Sterne
- 20 x 55 cm rotgelb karierter Baumwollstoff für die Einfassung und den Mond
- Stoffreste: in Weiß für die Gänseblümchen, in Gelb mit weißen Tupfen für zwei Sterne, in Rot für die Kreisverzierung auf den gelben Sternen sowie für die Innenohren der Katze
- 30 x 55 cm Haftvlies
- 40,5 x 31 cm feste Vlieseline-Näheinlage für den Hintergrund und zum Aufhängen von Mond und Sternen.
- 20 x 25 cm steife Vlieseline-Bügeleinlage
- 1 m schmale, hellblaue Zackenlitze
- 65 cm mittelbreite, rote Zackenlitze
- 10 cm schmale, rote Zackenlitze zum Aufhängen der Sternen
- 40 cm breite, blaue Zackenlitze
- Sticktwist
- 30 x 23 cm leichter Karton zum Stabilisieren
- 25 cm rote Kordel zum Aufhängen

## ZUSCHNEIDEN

**1** Für das gestreifte Hintergrundteil zwölf Streifen von 11,5 x 2 cm aus dem blauweiß karierten Stoff und elf Streifen von 11,5 x 2,5 cm aus dem grünen Stoff zuschneiden.

**2** Für den unteren Teil des Hintergrundes ein 30,5 x 10,5 cm großes Rechteck aus dem mittelblauen Stoff zuschneiden.

**3** Für die Umrandung zwei Streifen von 21 x 4 cm aus dem grünen Stoff, zwei Streifen von 30,5 x 4 cm aus dem gelben Stoff und vier 4 x 4 cm große Eckquadrate aus dem mittelblauen Stoff zuschneiden.

**4** Für die Einfassung zwei Streifen von 42,5 x 6 cm und zwei Streifen von 27 x 6 cm aus dem rotgelb karierten Stoff zuschneiden.

**5** Für das Rückteil ein 40,5 x 31 cm großes Rechteck aus dem mittelblauen Stoff zuschneiden.

**6** Für die Tasche auf dem Rückteil ein 32 x 27 cm großes Rechteck aus dem mittelblauen Stoff zuschneiden.

**7** Für die Dreiecke an der Unterkante des Wandbehangs fünf 6,5 x 6,5 cm große Quadrate aus grünem Stoff und fünf 2,5 x 2,5 cm große Quadrate aus Karton zuschneiden.

**8** Von der Katzenvorlage auf Seite 97 Schablonen anfertigen. Die Körper-Schablone mit der rechten Seite nach oben im diagonalen Fadenlauf, den Kopf im

geraden Fadenlauf, auf die rechte Seite des rotbeige karierten Stoffs legen; die Umrisse stecken, ausschneiden.

9 Die Nahtzugabe von 5 mm an den Schablonen abschneiden. Schablonen mit der rechten Seite nach unten auf die nicht beschichtete Seite der aufbügelbaren Vlieseline legen und die Umrisse übertragen. Die Formen ausschneiden.

10 Eine Stern-Schablone anfertigen. Schablone viermal auf den gelben und viermal auf den weiß getupften gelben Stoff legen, aufzeichnen und ausschneiden.

11 Außerdem vier Sternformen aus der aufbügelbaren Vlieseline zuschneiden.

12 Eine Mond-Schablone anfertigen. Schablone zweimal auf die rechte Seite des rotgelb karierten Stoffes legen und die Umrisse aufzeichnen. Die Formen ausschneiden.

13 Mit der gleichen Schablone einen Mond aus der aufbügelbaren Vlieseline zuschneiden.

14 Die schmale, hellblaue Zackenlitze auf folgende Maße ablängen: viermal 11,5 cm, einmal 7 cm, einmal 5 cm, zweimal 4,5 cm, zweimal 3 cm und einmal 2,5 cm.

15 Für die Gänseblümchen Haftvlies auf die linke Seite des weißen Stoffrestes bügeln. 16 Kreise mit 1,5 cm Durchmesser ausschneiden.

16 Für die Aufhängung die rote Kordel in zwei gleich lange Teile schneiden; die Enden sichern.

## NÄHEN

1 Für den Bildhintergrund die blauweiß karierten und grünen Stoffstreifen entlang den Längskanten rechts auf rechts, im Farbton wechselnd, mit 5 mm Nahtzugabe zusammennähen. Beginnen und enden Sie mit einem karierten Streifen.

2 Von der linken Bildseite beginnend die hellblauen Zackenlitzen vertikal auf die grünen Stoffstreifen mittig aufnähen; dabei folgende Reihenfolge einhalten: 11,5 cm, 11,5 cm, 7 cm, 5 cm, 4,5 cm, 4,5 cm, 3 cm, 2,5 cm, 3 cm, 11,5 cm, 11,5 cm.

3 Die Nahtzugaben auf die grünen Streifen bügeln.

4 Das Streifenrechteck sollte nach Fertigstellung 30,5 x 11,5 cm groß sein.

5 Für die Gänseblümchen entsprechend der Abbildung die weißen Kreise auf dem blauen Hintergrundstoff verteilen und aufbügeln. Beachten Sie auch auf Seite 110 „Applikationen mit Haftvlies“.

6 Mit vierfädigem, blauem Sticktwist jeden Kreis im Festonstich umsticken.

7 Das Stoffrechteck mit den Gänseblümchen entlang einer Längskante rechts auf rechts bündig auf die Unterkante des gestreiften Teils stecken und mit einer Nahtzugabe von 5 mm aufnähen; Nahtzugaben auf den blauen Stoff bügeln. Das fertige Teil vorab zur Seite legen.

8 Auf den Zuschnittteilen des Katzenmotivs entsprechend der Vorlage Augen, Schnurrhaare, Mund, Pfoten und Beine mit dünnen Kreidestiftlinien oder mit einem Phantomstift markieren.

9 Von den Innenohren Schablonen anfertigen und mit der rechten Seite nach unten auf die Papierseite des Haftvlieses legen; die Umrisse übertragen. Die Formen

großzügig ausschneiden und auf die linke Seite des roten Stoffrests bügeln. Die Innenohren exakt ausschneiden und beim Katzenkopf auf den Ohren platzieren; aufbügeln und mit Satinstichen applizieren.

**10** Die Nase aus weißem, mit Haftvlies verstärktem Stoff ausschneiden und applizieren.

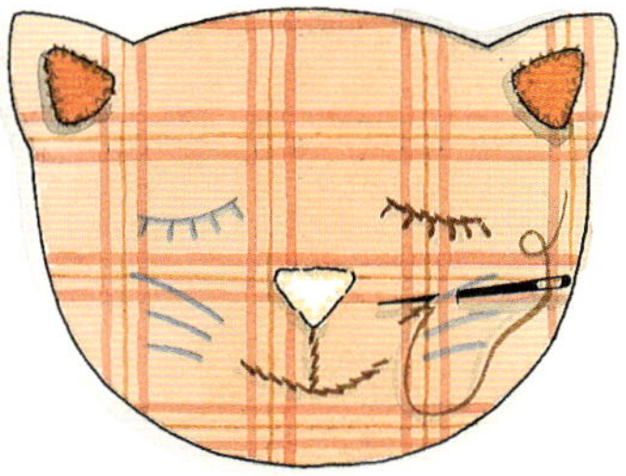

**11** Mit dreifädigem Sticktwist Schnurrhaare, Mund und Augen im Stielstich aufsticken.

**12** Die Vlieszuschnitte ausgemittelt auf die linke Stoffseite von Körper und Kopf bügeln. Mit Ausnahme der Halskante am Körperteil rundum 5 mm Nahtzugabe einbügeln.

**13** Den Katzenkörper mit der linken Stoffseite nach unten auf die Hintergrundfläche legen. Den Kopf so dazu platzieren, dass er die Halskante überlappt und die Enden der kürzeren Zackenlitzen bedeckt; Teile aufstecken.

**14** Die Katze entlang den eingebügelten Kanten mit Blindstichen auf das Hintergrundrechteck applizieren.

**15** Die Außenkanten und Innenkonturen der Katze mit dreifädigem Sticktwist im Stielstich übersticken.

**16** Die rote Zackenlitze längsseits in die Mitte der gelben Umrandungsstreifen nähen.

**17** Längsseits, 1 cm von den Kanten entfernt, mit fünffädigem Sticktwist eine Reihe Vorstiche arbeiten.

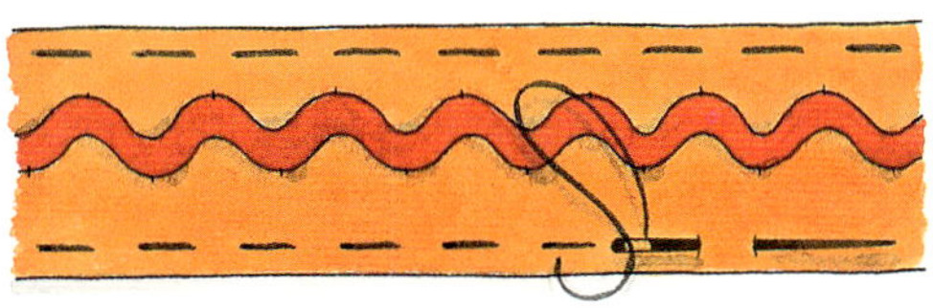

**18** In die Mitte der grünen Umrandungsstreifen die breite, blaue Zackenlitze nähen; mittig auf der Zackenlitze steppen.

**19** Die blauen Eckquadrate rechts auf rechts mit 5 mm Nahtzugabe an beide Schmalkanten der grünen Umrandungsstreifen nähen. Nahtzugaben auf die blauen Eckquadrate bügeln.

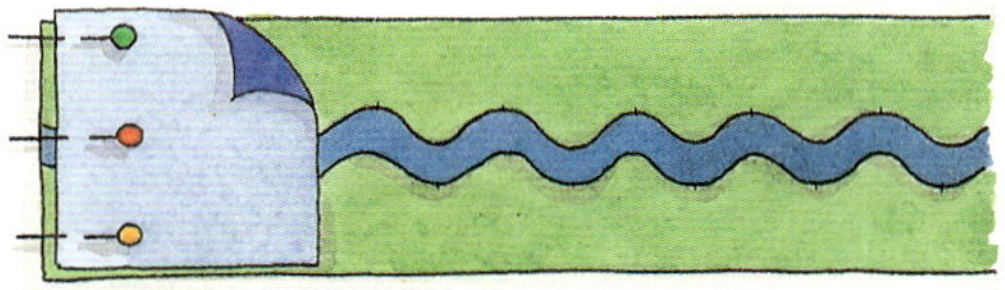

**20** Eine Längskante der gelben Umrandungsstreifen rechts auf rechts mit 5 mm Nahtzugabe an die Ober- und Unterkante des Hintergrundrechtecks nähen. Die Nahtzugaben auf die gelben Umrandungsstreifen bügeln.

**21** Eine Längskante der grünen Umrandungsstreifen mit den Eckquadraten rechts auf rechts bei 5 mm Nahtzugabe an die Seitenkanten des Hintergrunds nähen. Die Nahtzugaben auf die grünen Streifen bügeln.

**22** Am Taschen-Zuschnittteil rundum 5 mm Nahtzugabe einbügeln. Eine Längskante (Eingriffskante) zusätzlich 2 cm umbügeln; Einschlag- und Umschlagkante knappkantig absteppen.

**23** Das Taschenteil so auf die rechte Seite des Rückteils stecken, dass die Eingriffskante 3 cm von der Rückteiloberkante entfernt liegt. Dann die Tasche entlang den Seiten und der Unterkante knappkantig aufsteppen.

**24** Das Rückteil mit der linken Stoffseite nach oben auflegen, darüber die feste Näheinlage platzieren und feststecken. Mit 5 mm Nahtzugabe die Lagen entlang den Kanten sorgfältig zusammennähen.

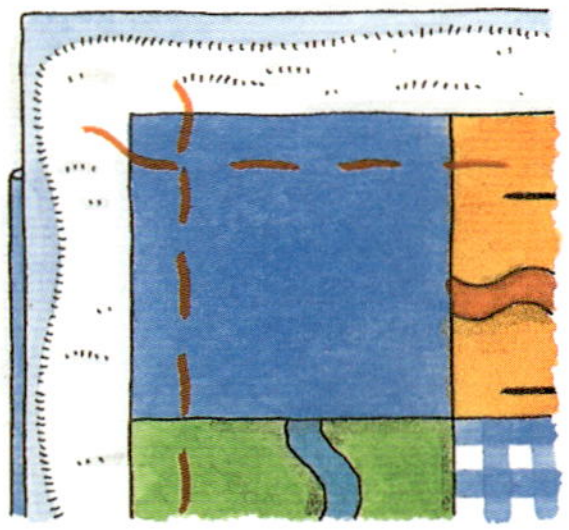

**25** Das Vorderteil mit der Bildseite nach oben mittig auf der Näheinlage platzieren. Rundum aufheften.

**26** Alle vier rotgelb karierten Einfassungsstreifen der Länge nach links auf links hälftig falten und bügeln. Entlang den Längskanten 5 mm Nahtzugabe einbügeln. Streifen wieder aufklappen.

**27** Einen kurzen Einfassungsstreifen entlang einer Längskante auf eine Seitenkante des Vorderteils stecken und aufnähen.

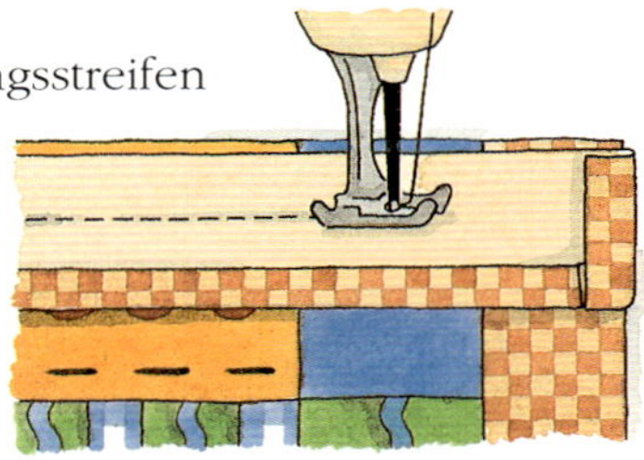

**28** Die lose Streifenkante zum Rückteil legen, einschlagen und mit Blindstichen auf die Steppnaht nähen. Den zweiten kurzen Einfassungsstreifen an die gegenüberliegende Kante nähen.

**29** Die Schmalkanten bei den langen Einfassungsstreifen 1 cm breit einschlagen. Die Streifen entlang einer Längskante rechts auf rechts an Ober- und Unterkante des Vorderteils nähen. Lose Streifenkante zum Rückteil legen und auf die Steppnaht nähen. Seitliche Öffnungen mit Handstichen schließen.

**30** Entsprechend der Abbildung mit rotem Stickgarn eine Reihe Knötchenstiche entlang der Außenkante und mit gelbem Stickgarn eine Reihe Knötchenstiche entlang der Innenkante der grünen Umrandungsstreifen arbeiten. Die Stiche sollten nicht auf der Rückseite sichtbar sein.

**31** Stern- und Mond-Zuschnittteile paarweise auflegen und die entsprechenden Zuschnittteile der Bügeleinlage auf die linke Stoffseite einer Mond- und je einer Sternhälfte aufbügeln. Die einzelnen Motivpaare mit Hilfe von Haftvlies links auf links aufeinander fixieren.

**32** Haftvlies auf ein Stück roten Stoff bügeln. Mit einer Zackenschere zwei Kreise ausschneiden und in die Mitte der beiden einfarbigen gelben Sterne bügeln. Die Außenkanten der Sterne und des Mondes mit Festonstichen umsticken.

**33** Die restliche schmale, blaue Zackenlitze in drei gleich lange Teile schneiden und ein Ende mit etwas Klebstoff an zwei Sterne und den Mond kleben. Die schmale, rote Zackenlitze in zwei gleich lange Teile schneiden und an die übrigen Sterne kleben.

**34** Für die Dreiecke an der Unterkante des Wandbehangs die grünen Stoffquadrate hälftig zum Rechteck falten. Die beiden Ecken am Falzbruch mittig so zu den gegenüberliegenden Schnittkanten einfalten, dass ein Dreieck entsteht. Die Kartonquadrate diagonal falten und in die Dreiecke einschieben. Einschuböffnung mit Handstichen schließen.

**35** Dreiecke an der Unterkante des Wandbehangs gleichmäßig verteilen und festnähen.

**36** Das lose Ende der an Mond und Sternen befestigten Zackenlitze in die Falte der Dreiecke stecken und beim Zusammennähen der Falzkanten mitfassen.

**37** Für die Aufhängung die beiden Kordelabschnitte an beiden Enden 1,5 cm lang auf der Rückseite des Wandbehangs annähen.

**38** Die Tasche auf dem Rückteil abmessen und einen etwas kleineren Karton zuschneiden. Karton in die Tasche stecken und die Eingriffskante mit Handstichen schließen.

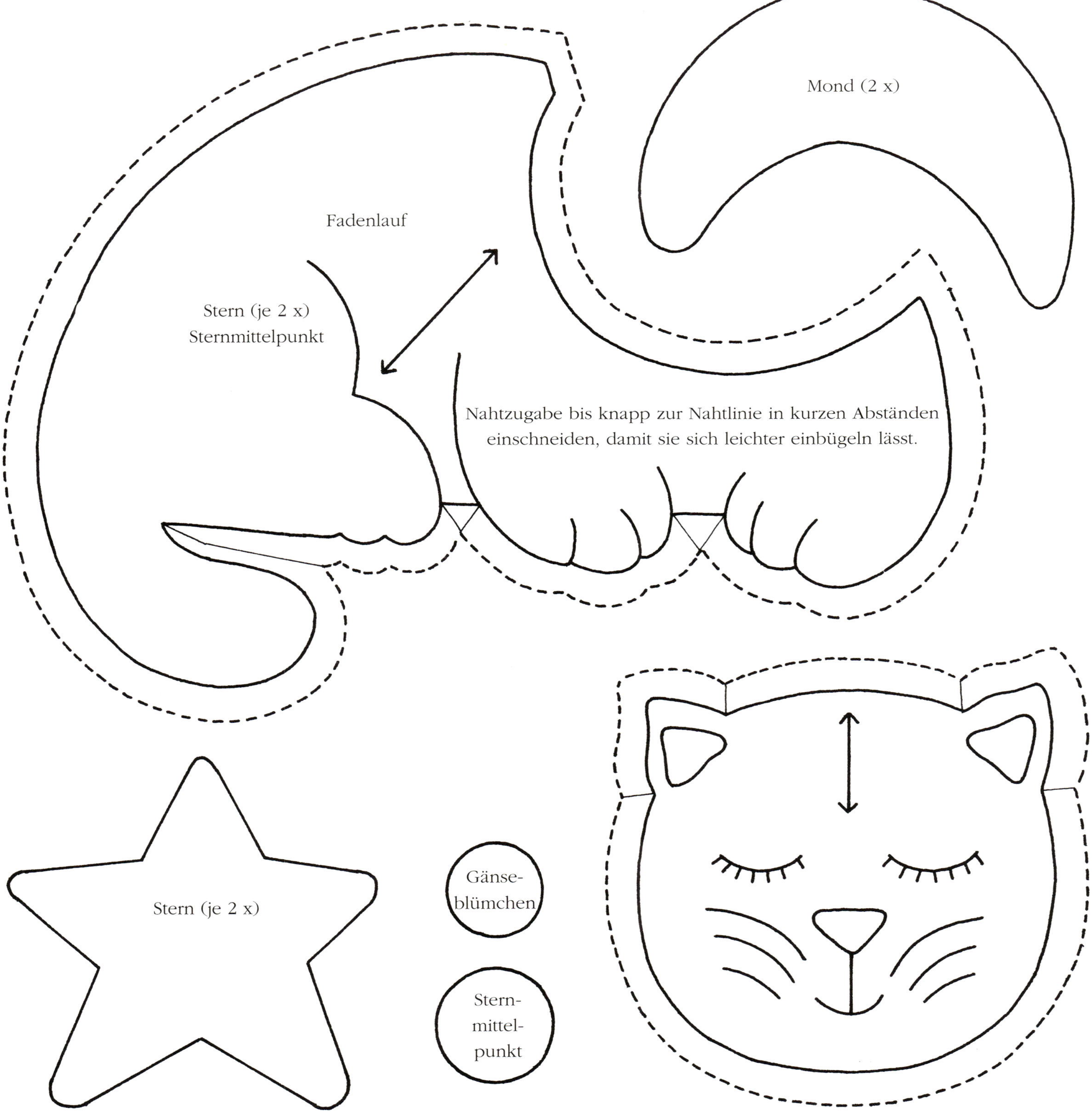


WANDBEHANG MIT KATZE

# · PYJAMATASCHE MIT SCHLAFBÄR ·

Dieser niedliche Kuschelbär wird garantiert zum Herzensfreund aller kleinen, ordnungsliebenden Schlafmützen.

*Fertige Größe: geschlossen ca. 40 x 38 cm*

## MATERIAL

- 50 x 80 cm blau gestreifter Baumwollstoff für das Taschenrückteil und die Randstreifen
- 25 x 35 cm cremefarbener Stoff für den Hintergrund
- 10 x 35 cm grün karierter Stoff für den Hintergrund
- 50 x 100 cm Futterstoff
- 15 x 120 cm roter Stoff für die Einfassung
- Stoffreste für die Applikation
- 45 x 100 cm Volumenvlies
- Stickgarn
- Wollreste in Blau und Weiß für die Bommel
- Zwei große dekorative Knöpfe
- 25 x 30 cm Haftvlies
- 25 x 25 cm Stickvlies
- Etwas Klettband für den Verschluss

## ZUSCHNEIDEN

**1** Für den Hintergrund ein Kopfkissenteil von 30 x 22 cm aus dem cremefarbenen Stoff zuschneiden.

**2** Für den Hintergrund ein Bettdeckenteil von 30 x 9 cm aus dem grün karierten Stoff zuschneiden.

**3** Für den Rand einen 30 x 6 cm großen Streifen aus dem blau gestreiften Stoff zuschneiden.

**4** Außerdem für den Rand zwei 33 x 6 cm große Streifen aus dem blau gestreiften Stoff zuschneiden.

**5** Für das Taschenrückteil mit angeschnittener Verschlussklappe ein Rechteck von 47 x 40 cm ebenfalls aus blau gestreiftem Stoff zuschneiden.

**6** Futter und Volumenvlies vorerst nur für das Taschenrückteil zuschneiden: je ein Rechteck von 47 x 40 cm.

**7** Für die Einfassung drei Streifen von 40 x 4 cm und zwei von 50 x 4 cm aus dem roten Stoff schneiden.

**8** Schablonen vom Bärenmotiv auf Seite 101 anfertigen und mit der rechten Seite nach unten auf die Papierseite des Haftvlieses legen; Umrisse aufzeichnen. Die Formen großzügig ausschneiden.

**9** Haftvlies-Zuschnittformen auf die linke Seite der passenden Stoffreste bügeln. Beachten Sie auch Seite 110 „Applikationen mit Haftvlies".

**10** Die Motivteile exakt ausschneiden.

## NÄHEN

**1** Für das Taschenvorderteil das cremefarbene Stoffrechteck rechts auf rechts bündig entlang einer Längskante auf das grün karierte Rechteck nähen. Die Nahtzugaben auseinander bügeln.

2 Das Trägerpapier von der Motivrückseite abziehen und den Bären auf dem Hintergrund anordnen; den Kopf auflegen. Die Ärmel mit der Halsausschnittkante unterschieben. Die Gelenkkante der Tatzen unter dem Ärmelsaum platzieren. Das Kopfteil der Mütze auf dem Kopf ausrichten und das Innenohr seitlich unterschieben. Den Zipfel der Mütze zuletzt auflegen.

3 Stickvlies so auf die linke Seite des Stoffhintergrundes heften, dass es direkt unter dem Motiv liegt. Mit breiten Satinstichen entlang den Schnittkanten das Bärenmotiv applizieren.

4 Mit 3-fädigem Stickgarn im Stielstich die Gesichtszüge aufsticken wie abgebildet.

5 Für die Bommel die entsprechende Vorlage abpausen und so auf Karton übertragen, dass ein Ring entsteht, dann in doppelter Kartonlage ausschneiden. So viel weiße und blaue Wolle um die Ringkanten wickeln, dass das Loch in der Mitte ausgefüllt ist.

6 Mit einer scharfen Schere die Wollschlingen entlang den Außenkanten der Kartonringe aufschneiden; die Kartonkanten werden dabei freigelegt. Beide Ringe etwas auseinander ziehen. Mit einem doppelten Wollfaden die Bommelmitte fest abbinden. Die Kartonringe entfernen. Die Bommel in den Händen etwas kneten und gleichmäßig rund schneiden. Abbindfäden belassen.

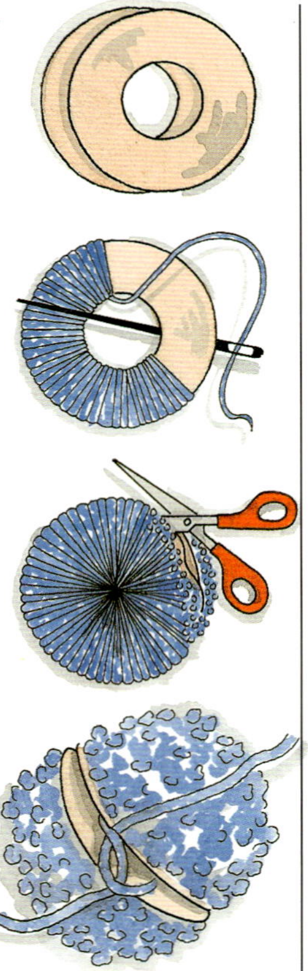

7 Die Bommel mit den Abbindfäden am Zipfel der Mütze festnähen.

8 Für den Rand des Applikationsbildes entlang der Unterkante den 30 x 6 cm großen, blau gestreiften Stoffstreifen mit einer Längskante rechts auf rechts kantenbündig mit 5 mm Nahtzugabe aufnähen. Die Nahtzugaben auseinander bügeln.

9 Die beiden übrigen Randstreifen rechts auf rechts mit 5 mm Nahtzugabe an die Seitenkanten nähen; Nahtzugaben auseinander bügeln.

10 Das Volumenvlies und den Futterstoff für das Taschenvorderteil zuschneiden. Beide Teile sollten rundum etwas größer sein als das Vorderteil.

11 Das Futterteil auflegen, die Vlieseinlage darüber legen und darauf das Taschenvorderteil mit der Bildseite nach oben mittig ausrichten; aufeinander heften.

12 Mit Stickgarn entlang den Seiten vom Kopfkissen- und Bettdeckenteil mit 5 mm Kantenabstand eine Vorstichreihe arbeiten. Futter und Volumenvlies auf gleiche Größe wie das Vorderteil schneiden.

13 Für das Rückteil das Futter-Zuschnittteil auflegen, das Volumenvlies darüber legen und darauf das blau gestreifte Rückteil platzieren. Alle Lagen aufeinander heften.

14 Für die Einfassung die Längskanten der roten Stoffstreifen 5 mm breit einbügeln. Die Streifen längsseits hälftig falten und erneut bügeln. Die Oberkante des Taschenvorderteils und -rückteils mit zwei 40 cm langen Stoffstreifen einfassen: Streifen über die Kanten schieben, heften und aufsteppen.

15 Taschenvorderteil und -rückteil links auf links entlang den Unterkanten bündig legen; steppen. Die Kanten mit dem übrigen 40 cm langen Stoffstreifen einfassen. Mit dem 50 cm langen roten Stoffstreifen die Seitenkanten einfassen; dabei die Schmalseiten bündig einschlagen.

16 Die Oberkante des Rückteils nach vorne klappen. Auf dem Überschlag die Knöpfe zur Zierde annähen. Als Verschluss Klettbandstücke aufnähen.

PYJAMATASCHE MIT SCHLAFBÄR

# · ZWEI „TIERISCHE“ TASCHEN ·

Mit diesen Tragetaschen hilft auch der größte Stubenhocker gern beim Einkaufen. Die Motive, ein Häschen und ein Schwein am Tisch mit ihrer Lieblingsspeise, sind schnell appliziert.

*Fertige Größe: 18 x 23,5 cm*

## MATERIAL TASCHE MIT SCHWEIN

- 20 x 47 cm blauweiß gestreifter Baumwollstoff für die Tasche
- 15 x 15 cm gelb getupfter, rosa changierender Stoff für das Schwein
- 10 x 20 cm weiß getupfter, gelber Stoff für die Tischfläche
- 30 x 30 cm rotweiß karierter Stoff für Einfassung und Henkel
- Nesselreste für Schnauze und Innenohren
- Stoffreste für Apfel, Blatt, Stiel und Pfoten
- 20 x 47 cm Nessel als Taschenfutter
- 10 x 25 cm feste Vlieseline-Bügeleinlage
- 30 x 90 cm Haftvlies
- Zwei flache, grüne Knöpfe für die Augen, 1,3 cm Durchmesser
- Zwei flache, rosa Knöpfe für die Schnauze, 1 cm Durchmesser

## MATERIAL TASCHE MIT HÄSCHEN

- 20 x 47 cm weiß gepunkteter, blauer Baumwollstoff für die Tasche
- 20 x 15 cm blau getupfter, beiger Stoff für das Häschen
- 35 x 40 cm grünweiß karierter Stoff für Tischfläche, Einfassung und Henkel
- Stoffreste für Karotten, Innenohren und Karottenblätter
- 30 x 90 cm Haftvlies
- 20 x 47 cm Nessel als Taschenfutter
- 10 x 25 cm feste Vlieseline-Bügeleinlage
- Sticktwist
- Zwei flache, blaue Knöpfe für die Augen

## ZUSCHNEIDEN

1 Schablonen von den Vorlagen auf Seite 127 anfertigen. Mit Ausnahme der Schnauze des Schweins die Schablonen mit der rechten Seite nach unten auf die Papierseite des Haftvlieses legen; Umrisse übertragen. Jede Form großzügig ausschneiden.

2 Die Haftvliesformen auf die linke Seite der Applikationsstoffe bügeln. Anschließend die Motivteile exakt ausschneiden.

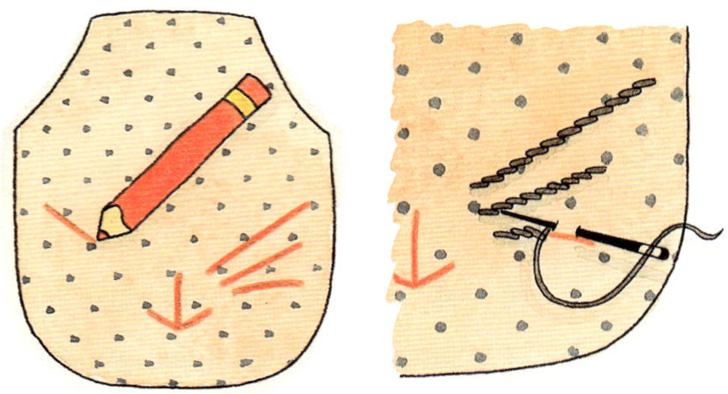

3 Das Trägerpapier vom Hasenkopf abziehen. Schnurrhaare und Mund des Hasen mit Kreidestift aufzeichnen, dann mit 3-fädigem Sticktwist im Stielstich aufsticken.

4 Für die Taschenhenkel zwei 25 cm lange, 4 cm breite Streifen aus den karierten Stoffen zuschneiden.

5 Für die Einfassung zwei 20 cm lange, 7 cm breite Streifen aus den karierten Stoffen zuschneiden.

6 Haftvlies auf die linke Stoffseite des blauweiß gestreiften und des weiß getupften, blauen Taschen-Zuschnittteils bügeln. Trägerpapier entfernen. Dann

das Nesselrechteck auf die beschichtete Stoffseite des Taschenstoffs bügeln.

7 Taschenteile der Breite nach zur Hälfte falten und den Faltenbruch als Bodenlinie markieren; Vorderteil und Rückteil der Tasche bestimmen. Auf die linke Seite des weiß gepunkteten, gelben und des übrigen grünweiß karierten Stoffes Haftvlies aufbügeln; ein Rechteck von 16 x 7 cm für die Tischfläche zuschneiden.

## NÄHEN

1 Das Rechteck für die Tischfläche auf der Vorderseite des Taschenvorderteils, 1,5 cm von der Bodenlinie entfernt, aufstecken; zuvor Trägerpapier entfernen.

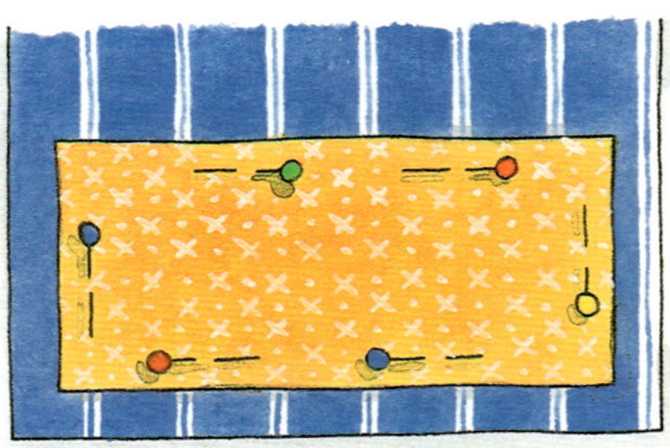

2 Entsprechend der Abbildung das Schwein- bzw. Häschenmotiv auf dem Vorderteil anordnen. Die Nahtzugaben an der Körperunterkante unter das Tischflächenteil schieben. Vorab nur die Tischfläche aufbügeln. Beachten Sie auch auf Seite 110 „Applikationen mit Haftvlies".

3 Die Schnittkanten der Tischfläche mit Satinstichen applizieren. Den Schwein- und Häschenkörper – mit Ausnahme der Pfoten-Ansatzkante beim Schwein – aufbügeln.

4 Nahtzugabe der Pfoten des Schweins unter die Ansatzkanten am Körper schieben und feststecken.

5 Körper und Pfoten aufbügeln. Die Schnittkanten – mit Ausnahme der Halskante – im Satinstich applizieren.

6 Den Kopf von Häschen und Schwein auf den Körper bügeln. Den Häschenkopf – mit Ausnahme der Ohransatzkante – im Satinstich applizieren.

7 Die Innenohren des Schweins passend platzieren und applizieren.

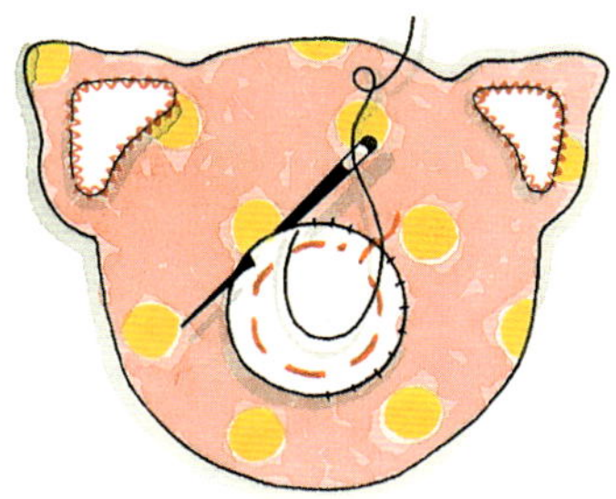

8 Die Schnauze des Schweins mit 5 mm Nahtzugabe zuschneiden. Die Kante auf links einbügeln. Die Schnauze mit Blindstichen applizieren. Die

Kopfkante wiederum mit Satinstichen applizieren.

9 Die Häschenohren am Kopf platzieren und mit Satinstichen applizieren.

10 Bei der Tasche mit Schwein den Apfel auf die weiß gepunktete, gelbe Tischfläche mittig bügeln, Stiel und Blatt dazu platzieren, dann entlang den Außenkanten das Motiv mit Satinstichen applizieren.

11 Bei der Tasche mit Häschen die Karotten mit Blattgrün auf die Tischfläche bügeln und applizieren.

12 Knöpfe als Augen auf dem Kopf und als Nasenlöcher auf der Schnauze festnähen.

13 Die Längskanten der Tasche mit Zickzackstichen versäubern.

14 Die Einfassungsstreifen links auf links längsseits zur Hälfte bügeln und wieder aufklappen.

15 Eine Längskante eines Einfassungsstreifens rechts auf rechts bündig entlang einer Tascheneingriffskante aufstecken; mit 1,5 cm Nahtzugabe aufnähen.

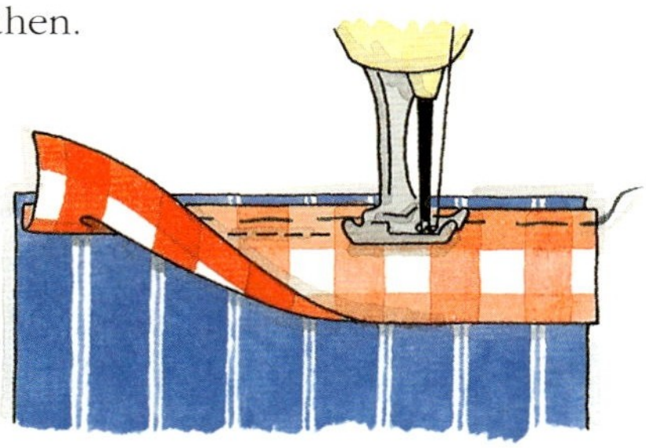

16 Die lose Kante mit Zickzackstichen versäubern, zur Tascheninnenseite umschlagen und feststecken.

17 Den zweiten Einfassungsstreifen in gleicher Weise an die gegenüberliegende Eingriffskante stecken und nähen.

18 Für die Taschenhenkel vier 25 cm lange, 3 cm breite Vlieseline-Streifen mittig auf die linke Stoffseite der karierten Stoffstreifen bügeln.

19 Streifen der Länge nach zur Hälfte falten und bügeln. Die langen Schnittkanten 5 mm einschlagen, bügeln und stecken; entlang den Einschlagkanten absteppen. Die Schmalkanten mit Zickzackstichen sorgfältig versäubern.

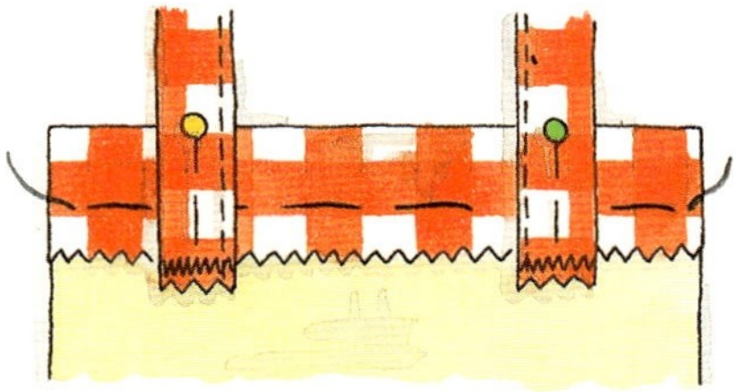

20 Die Taschenhenkel auf der Innenseite an die Eingriffskante der Tasche stecken: 4 cm von den Seitenkanten entfernt und bündig mit der versäuberten Kante der Einfassung.

21 Von der rechten Stoffseite aus die Einfassung entlang der Nahtlinie absteppen. An den Henkelenden eine Kreuznaht arbeiten.

22 Die Tasche entlang der Bodenlinie rechts auf rechts falten, die Seitenkanten zusammenstecken und mit einer Doppelnaht schließen. Halten Sie dabei eine Nahtzugabe von 1 cm ein.

23 Die seitlichen Kanten am Einfassungsstreifen mit Zickzackstichen versäubern. Die Tasche auf rechts wenden und bügeln.

# · MATERIAL UND TECHNIK ·

## WAS SIE BRAUCHEN

*Mess- und Zuschnittgeräte*
Wählen Sie ein 1,50 m langes, flexibles Maßband aus Kunststoff, das sich nicht verzieht. Beim Zuschnitt von Stoffrechtecken und Streifen sind ein Geodreieck und ein langes Lineal nützliche Helfer.

*Stecknadeln*
Verwenden Sie möglichst dünne Stecknadeln. Beim Anfertigen eines Quilts eignen sich am besten extralange Stecknadeln mit großen Glasköpfen, da sie mehrere Stofflagen sicher zusammenhalten und nicht in die Lagen hineinschlüpfen.

*Nadeln*
Nähmaschinennadeln sind genormt und passen daher in die meisten Nähmaschinen-Modelle. Für leichte oder mittelschwere Baumwollstoffe verwenden Sie am besten Stärke 70 oder 80, für stärkere und schwere Stoffqualitäten Stärke 90 oder 100.

Für die von Hand ausgeführten Arbeiten benötigen Sie eine Auswahl von spitzen Näh- und Sticknadeln in verschiedenen Längen und Stärken. Für einfache Näharbeiten verwenden Sie eine Nadel mit einem runden Öhr, bei Stickarbeiten mit stärkerem Garn eine Nadel mit langem Öhr. Beachten Sie, dass Sie bei einigen Projekten Perlen benötigen; verwenden Sie eine Perlennadel, die sich leicht durch das Loch der Perle führen lässt. Zum Heften benutzen Sie eine möglichst lange Heft- oder Modistennadel; damit kann man beim Heften mehrmals ein- und ausstechen, bevor man den Faden durch den Stoff zieht.

*Garne*
Das Nähmaschinengarn sollte in Qualität und Reißfestigkeit der Stoffqualität entsprechen. Wenn Sie verschiedenfarbige Stoffe zusammen verarbeiten, wählen Sie das Garn in einem neutralen Farbton, der mit allen Stoffen harmoniert.

Für eine Stickarbeit verwenden Sie sechsfädigen Baumwolltwist. Die meisten Stiche werden mit zwei oder drei Fäden gearbeitet. Aufgelegte Garnabschnitte, die mit Kordonnierstichen aufgenäht werden, sollten grundsätzlich dicker sein als der Faden, mit dem das Garn umstickt wird.

*Markierstifte*
Markieren Sie die Stoffe mit Stiften, die sich innerhalb von 24 Stunden auflösen, oder verwenden Sie wasserlösliche Stifte und Kreiden, die sich durch Auswaschen wieder entfernen lassen.

*Nähmaschine*
Eine Nähmaschine mit Gerad- und Zickzackstich reicht völlig aus um die Projekte in diesem Buch nachzunähen.

*Scheren*
Zum Zuschneiden benötigen Sie scharfe Scheren. Spezielle Zuschneidescheren haben kräftige Blätter und handgerechte Griffe. Für die Schablonen sollten Sie eine Papierschere verwenden. Schneiden Sie stärkeres Papiermaterial niemals mit Ihrer Zuschneideschere, da die Klingen nach einiger Zeit stumpf werden. Stickscheren und Nähscheren eignen sich gut zum Abschneiden von losen Fäden und zum Einschneiden von Nahtzugaben.

*Rollschneider*
Ein Rollschneider schneidet den Stoff mit seiner runden, rotierenden Klinge. Er ist ein hervorragendes Schneidgerät beim Zuschnitt von Streifen und geometrischen Formen. Er darf jedoch nur auf einer speziellen Schneidematte zum Einsatz kommen.

*Bügeleisen*
Verwenden Sie je nach Bedarf ein einfaches Bügeleisen oder eines mit Dampfstoß. Stoffe und Nähte immer von links mit einem Dampfbügeleisen glätten. Applikationsmotive von rechts ohne Dampf, jedoch mit Hilfe eines feuchten Tuches auf den Hintergrundstoff bügeln.

## HILFSMITTEL ZUM NÄHEN

*Stickvlies*
Stickvlies ist ein festes Vliesmaterial, das vor dem Nähen auf die Rückseite des Hintergrundstoffes, direkt unter das Applikationsmotiv geheftet wird. Auf diese Weise erhalten Sie eine gleichmäßige und wellenfreie Applikationsnaht. Nach dem Nähvorgang wird das Vlies entlang den Nahtlinien einfach abgerissen.

*Haftvlies*
Haftvlies hat eine leicht klebrige Vliesseite und eine überbügelbare Papierseite, das so genannte Trägerpapier. Legen Sie die Schablone mit der rechten Seite nach unten auf die Papierseite des Haftvlieses und zeichnen Sie den Umriss auf. Die Form großzügig ausschneiden und, mit der Vliesseite nach unten, zehn Sekunden lang auf die linke Seite des Applikationsstoffs bügeln. Auskühlen lassen. Der Kontur folgend das Motivteil exakt ausschneiden. Das Trägerpapier abziehen, um die durchsichtige, leicht klebrige Vliesbeschichtung freizulegen. Das Applikationsteil mit der klebrigen Seite auf der rechten Seite des Hintergrundstoffs platzieren und mit Hilfe eines feuchten Tuchs das Motiv fünf Sekunden lang auf den Stoff bügeln.

*Vlieseline-Bügeleinlage*
Bügeleinlagen werden trocken oder mit Hilfe eines feuchten Tuchs auf die linke Stoffseite aufgebügelt; Hinweis des Herstellers beachten!

*Volumenvlies – Wattierung*
Volumenvlies gibt es in unterschiedlichen Stärken. Bei einer voluminösen Wattierung erhält man beim Quilten eine dreidimensionale Wirkung. Alternativ zur Volumenvlies-Näheinlage gibt es auch Volumenvlies-Bügeleinlage.

*Knöpfe*
Bei vielen Projekten benötigen Sie für Augen und andere Dekorationen Knöpfe. Wenn das Kind, für das Sie das Projekt anfertigen, noch sehr klein ist, sollten Sie die Knöpfe durch Stoffapplikationen ersetzen oder an entsprechender Stelle Stickstiche arbeiten.

## STOFFE

Sofern nicht anders angegeben, beziehen sich die Mengenangaben für die verwendeten Stoffe auf eine Stoffbreite von 110 - 120 cm.

*Stoffauswahl*
Viele Projekte in diesem Buch sind klein und benötigen nur geringe Stoffmengen. Hier können Zuschnittreste aus früheren Nähobjekten gut verwertet werden. In Kaufhäusern und Stoffläden gibt es aber auch preiswerte Stoffreste zu kaufen. Gut eignen sich die so genannten „fast quarters“, die es in Fachgeschäften mit Patchworkartikeln gibt.

Für größere Projekte, wie z. B. für die Spieldecke oder die Eulenfamilie, sollten Sie folgende Punkte in Betracht ziehen:

- Stimmen Sie die Farben des Projekts auf die Farben des Raumes ab. Berücksichtigen Sie bei der Auswahl der Farben, dass Kinder leuchtende, klare Farben bevorzugen.
- Stoffe aus 100 Prozent Baumwolle in Kleiderqualität sind am besten zu verarbeiten, da sie sich gut markieren lassen. Beim Zuschneiden erhalten Sie saubere Schnittkanten, die fast nicht ausfransen. Baumwollstoffe sind robust, somit ideal für Kinder. Baumwolle kann man problemlos waschen und bügeln.
- Wenn Sie helle und dunkle Farben gemeinsam in einem Projekt verwenden, ist es ratsam, die farbigen Stoffe einzeln vorzuwaschen, um festzustellen, ob alle Stoffe farbecht sind.



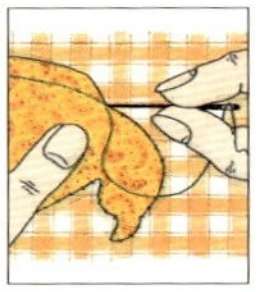

• Um eine gleichmäßige Abnutzung zu gewährleisten sollte der Rückteil- oder Futterstoff die gleiche Qualität haben wie das Ober- bzw. Vorderteil.
• Der Stoff für die Einfassung sollte in Dessin und Farbe mit dem Vorder- und Rückteil harmonieren.

## ZUSCHNEIDEN

Vor dem Zuschneiden die Schnittkanten der Stoffstücke im rechten Winkel begradigen.

1 Den Stoff auf einer sauberen Fläche ausbreiten und glatt streichen; die Webkante liegt Ihnen zugewandt.
2 Ein Geodreieck so positionieren, dass es im 90-Grad-Winkel entlang der Webkante und der Schnittkante liegt; die Diagonalkante weist zur Stoffmitte.
3 Um die Winkelkante zu verlängern zusätzlich ein langes Lineal am Geodreieck anlegen, so dass auch dieses im rechten Winkel zur Webkante verläuft. Die neue Schnittkante markieren.
4 Entlang der markierten Linie mit der Schere oder dem Rollschneider schneiden.

*Streifen schneiden*

1 Den Stoff zusammenlegen und glatt streichen.
2 Parallele Linien in den Abständen messen und markieren, wie in den Arbeitsanleitungen angegeben.
3 Stofflagen neben den Markierungslinien aufeinander stecken, um ein Verrutschen zu vermeiden.
4 Die Streifen entlang den markierten Linien zuschneiden.

*Schneiden mit dem Rollschneider*

Wenn Sie für Quilts und größere Projekte einen Rollschneider verwenden, geht Ihnen die Arbeit leichter und schneller von der Hand.

1 Die spezielle Schneidematte auf eine glatte Arbeitsfläche legen.
2 Stoff rechts auf rechts kantengleich über die Breitseite zur Hälfte falten und glatt streichen. Das Geodreieck mit der langen Kante parallel zu den Längskanten legen; mit Hilfe der Maßeinteilung die Streifenbreite berücksichtigen. Ein langes Lineal gegen die lange Dreieckkante legen, fest auf den Stoff drücken und das Geodreieck entfernen. Mit dem Rollschneider entlang der Anlegekante am Lineal vom Körper weg schneiden. Für sehr lange Stoffstreifen ein entsprechend großes

Stoffstück wie zuvor falten, dann nochmals falten, so dass Sie vier Stofflagen erhalten. Ein guter Rollschneider kann durch acht Stofflagen schneiden.

Ideal zum Schneiden mit dem Rollschneider ist ein Quiltlineal, dessen Rastereinteilung ein vorheriges Aufzeichnen der Streifen-Breite auf dem Stoff überflüssig macht. Verwenden Sie ein normales (möglichst stabiles) Lineal, sind entsprechende Markierungen unerlässlich.

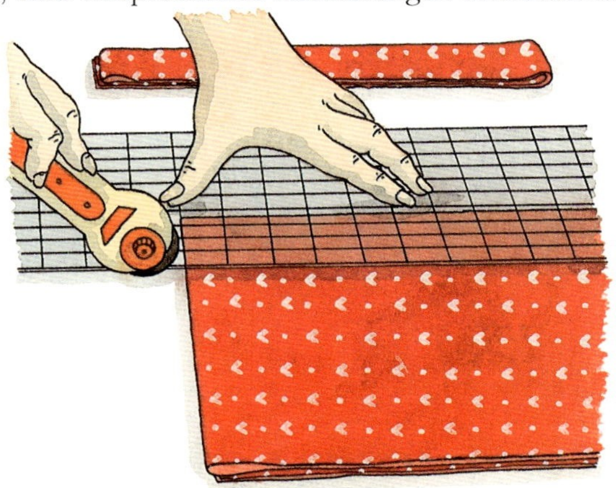

## HERSTELLUNG UND GEBRAUCH VON SCHABLONEN

1 Pausen Sie die einzelnen Teilbereiche einer Vorlage auf Transparentpapier ab. Kleben Sie das Transparentpapier auf stärkeres Papier. Wenn Sie eine Schablone öfter brauchen, verwenden Sie Plastikmaterial.

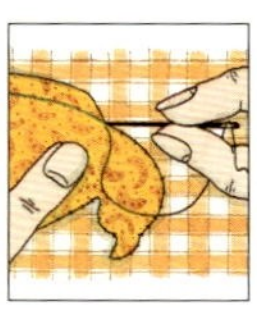

2 Schneiden Sie die Formen exakt aus.
3 Legen Sie die Schablonen mit der rechten Seite nach oben auf die rechte Seite des Stoffs und zeichnen Sie die Umrisse mit einem Markierstift auf den Stoff. Wenn Sie von einem Motiv ein Vorder- und Rückteil brauchen, wenden Sie die entsprechende Schablone und zeichnen Sie den Umriss spiegelverkehrt auf.
4 Die Form mit einer Nahtzugabe von 5 mm an allen Kanten ausschneiden.

## STICHE

### Maschinenstiche

Bei Verwendung unterschiedlicher Stoffqualitäten arbeiten Sie auf Stoffresten Probenähte, um das Naht- und Stichbild zu überprüfen. Die Ober- und Unterfadenspannung sollte so eingestellt sein, dass die Fadenverschlingungen im Stoff liegen. Wenn nötig, die Oberfadenspannung neu einstellen.

*Steppstich*
Der Steppstich ist ein gerader Stich. Bei einer einfachen Steppnaht die Stichlänge auf 2,5 oder 3 mm einstellen; die Stichbreite muß 0 mm anzeigen.

*Zickzackstich*
Der offene Zickzackstich wird zum Versäubern von Kanten verwendet. Arbeiten Sie ihn in einer Stichbreite von 4 mm und einer Stichlänge von 1 - 2 mm.

*Satinstich*
Der Satinstich ist ein Zickzackstich mit einem geschlossenen Nahtbild. Er wird sehr eng gearbeitet und zum Applizieren verwendet; die Stiche fixieren die Applikationsmotive auf dem Stoff und versäubern gleichzeitig deren Schnittkanten. Üben Sie auf einem Stoffrest das Applizieren von Ecken, Kurven und geraden Kanten.

Für einen breiten Satinstich stellen Sie die Stichbreite auf 3 - 4 mm ein.

Ein schmaler Satinstich hat eine Breite von 2 - 2,5 mm; die Stichlänge variiert je nach Stoffqualität zwischen 0,3 und 0,5 mm.

### Handstiche

*Heftstich*
Beim Heften werden Stofflagen provisorisch zusammengehalten. Man arbeitet die Stiche mit einer langen Nadel. Der Stichabstand entspricht der Stichlänge von 5 mm.

*Vorstich und Reihstich*
Der Vorstich wird als Zierstich mit Stickgarn gearbeitet. Er gleicht dem Heftstich, jedoch sind Stichlänge und Stichabstand nur halb so groß.

*Blindstich und Saumstich*
Er wird zum Aufnähen von gesäumten bzw. eingebügelten Kanten verwendet. Mit der Nadel in die Bruchkante ca. 5 mm hohl ein- und ausstechen, dann direkt gegenüber dem Ausstichloch auf dem Unterstoff einstechen, zwei Fäden erfassen und ausstechen.

*Rückstich*
Der Rückstich wird in einer Linie gearbeitet: Machen Sie zuerst einen Vorstich, stechen Sie in gleicher Länge aus. Stechen Sie die Nadel am Ende des ersten Stiches wieder ein, und stechen Sie in doppelter Stichlänge vor dem Fadenende wieder aus.

*Schlingstich und Festonstich*
Er wird zum Umstechen von Schnitt- oder Einschlagkanten und als Zierstich verwendet. Arbeiten Sie die Stiche von links nach rechts; die Kante zum Umstechen liegt Ihnen zugewandt: Nadel oberhalb der Kante einstechen, zur Kante führen und ausstechen; den Faden vom letzten Stich unter die Nadelspitze legen, dann Nadel und Faden durchziehen.

*Quiltstich*
Verwenden Sie den Quiltstich, wenn Sie mehrere Stofflagen zu durchstechen haben. Stechen Sie die Nadel im 90-Grad-Winkel durch den Stoff und ziehen Sie den Faden durch. Stechen Sie 2 - 3 mm daneben, im 90-Grad-Winkel, wieder zur Oberseite aus.



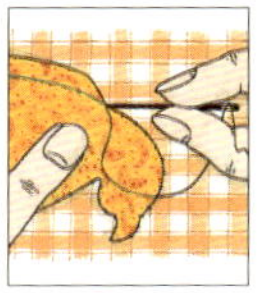

*Knötchenstich*
Sie bringen den Faden auf die rechte Stoffseite. Halten Sie ihn mit der linken Hand direkt an der Ausstichstelle, führen Sie die Nadel so, dass sich der Faden zwei- bis dreimal um die Nadelspitze legt. Dann die Nadel knapp neben der Ausstichstelle wieder einstechen und den Faden durchziehen. Die Schlingen auf der Nadel bilden direkt auf dem Stoff einen kleinen Knoten.

*Kordonnierstich*
Der Kordonnierstich ist ein Überfangstich. Legen Sie den Faden, den Sie applizieren möchten, auf den Hintergrundstoff. Übernähen Sie ihn dann in gleichmäßigen Abständen mit einem dünneren Garn.

*Stielstich*
Man arbeitet von links nach rechts gleichmäßig schräge Stiche, die als Linie wie fein gedrehtes Seil wirken.

*Plattstich*
Ein Stickstich, der aus einzelnen Spannstichen besteht, die so dicht nebeneinander gearbeitet werden, dass dazwischen kein Stoff mehr zu sehen ist.

*Leiterstich*
Der Leiterstich hält zwei eingebügelte (gesäumte) Kanten unsichtbar zusammen.

## APPLIKATION

Applizieren bedeutet eine Stofflage auf der anderen zu befestigen. Es gibt zwei Arten der Applikation, die konventionelle und die, bei der mit haftendem Material gearbeitet wird. Probieren Sie beide Arten aus.

*Applikation mit Haftvlies.*
Bei einer maschinell gearbeiteten Applikation werden die Motivteile ohne Nahtzugabe zugeschnitten.

1 Die Schablone legen Sie mit der rechten Seite nach unten auf die Papierseite des Haftvlieses und zeichnen den Umriss nach. Schneiden Sie die Form großzügig aus.
2 Legen Sie den Applikationsstoff mit der linken Seite nach oben auf die Bügelunterlage. Platzieren Sie darauf die Haftvliesform so, dass die Vliesseite auf dem Stoff liegt. Bügeln Sie die Zuschnittformen etwa fünf Sekunden lang ohne Dampf auf. Nach dem Abkühlen schneiden Sie die Motivformen exakt aus.
3 Besteht ein Motiv aus mehreren Teilen, so ordnen Sie diese der Vorlage entsprechend auf dem Hintergrundstoff an. Entfernen Sie zuvor das Trägerpapier des Haftvlieses.
4 Wenn alle Teile in der richtigen Reihenfolge liegen, bügeln Sie das Motiv mit einem feuchten Tuch auf. Lassen Sie das Ganze 15 Minuten abkühlen. Beginnen Sie die Näharbeit mit dem zuunterst liegenden Motivteil und applizieren Sie das oberste Teil zuletzt.
5 Mit der Maschine applizieren Sie im Satinstich entlang den Schnittkanten der Motivteile.

*Konventionelle Applikation*
1 Wenn Sie Ihre Motive von Hand applizieren, schneiden Sie alle Motivteile mit 5 mm Nahtzugabe zu.
2 Schneiden oder kerben Sie entlang extremen Rundungen die Nahtzugabe bis knapp zur Nahtlinie ein. Die Einschnitte bewirken, dass sich die Kante leicht auf die linke Stoffseite legen lässt. Achtung, nicht über die Nahtlinie hinaus schneiden!
3 Stecken Sie das Motivteil auf den Hintergrundstoff.
4 Beim Applizieren schlagen Sie die Nahtzugabe mit Hilfe der Nadel oder der Fingerspitze zur linken Stoffseite hin ein. Arbeiten Sie entlang der Einschlagkante mit Blindstich.

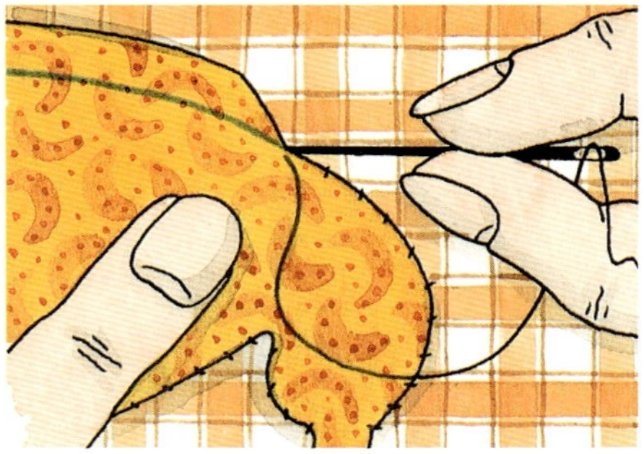



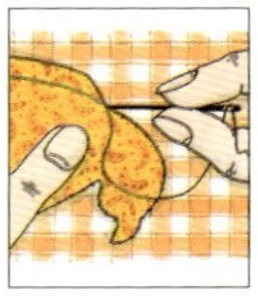

## FERTIGSTELLEN EINES QUILTS

1 Bügeln Sie alle Stoffteile von links.

2 Den Rückteilstoff mit der linken Seite nach oben auf eine große Arbeitsfläche legen und glatt streichen.

3 Legen Sie die Wattierung darüber und platzieren Sie darauf das Oberteil – rechte Seite oben. Die Lagen horizontal, vertikal und diagonal aus der Mitte heraus aufeinander heften; auch entlang den Kanten.

4 Die Quiltkanten können mit einer schmalen Einfassung versäubert werden. Schneiden Sie hierzu das Rückteil und die Wattierung auf die Größe des Oberteils zu. Bei einer breiten Einfassung die Wattierung und das Rückteil entsprechend den Anleitungen etwas größer zuschneiden.

## EINFASSEN EINES QUILTS

*Fortlaufender Schrägstreifen*

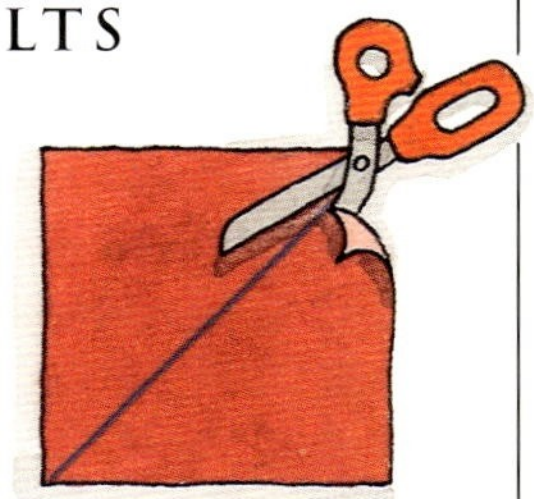

1 Für den fortlaufenden Schrägstreifen wird ein Stoffquadrat im geraden Fadenlauf zugeschnitten. Um einen langen Schrägstreifen zu erhalten, benötigen Sie ein großes Stoffquadrat. Das Stoffquadrat diagonal in zwei Dreiecke teilen. Legen Sie nun das untere Dreieck so auf das obere Dreieck, dass sich die Kanten im diagonalen Fadenlauf kreuzen. Die beiden Kanten im geraden Fadenlauf kantengleich, jedoch seitlich etwas versetzt, mit 5 mm Nahtzugabe aufeinander steppen; Nahtzugaben auseinander bügeln.

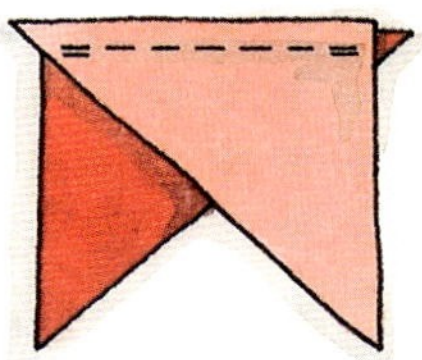

2 In der vorgegebenen Streifenbreite mit einem Markierstift oder mit Schneiderkreide und mit Hilfe eines Lineals parallele Linien im schrägen Fadenlauf aufzeichnen.

3 Die beiden spitzen Ecken gegeneinander rechts auf rechts im rechten Winkel zu den aufgezeichneten Linien einfalten. Die aufeinander treffenden, geraden Stoffkanten um exakt eine Streifenbreite verschieben, so dass die erste Markierungslinie auf die Verbindungsnaht trifft; feststecken und Naht mit 5 mm Nahtzugabe zum Schlauch schließen.

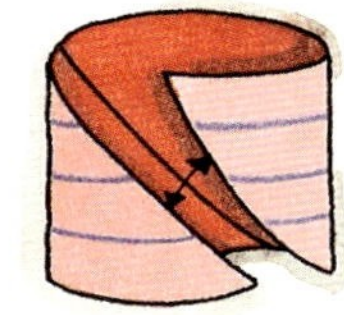

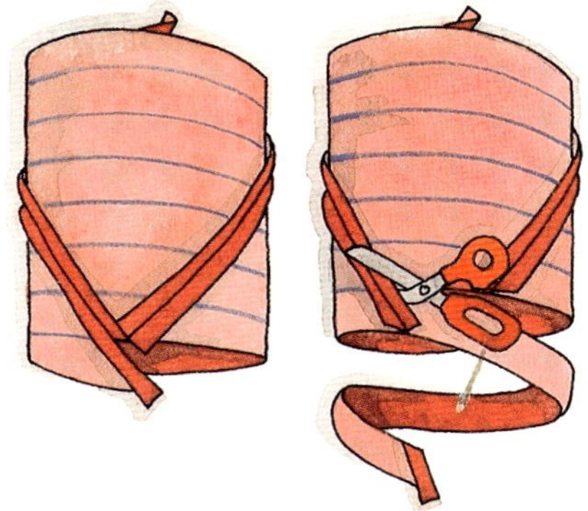

4 Mit der Schere entlang den Markierungslinien schneiden. Auf diese Weise erhalten Sie ein langes, gleichmäßig breites Schrägband.

*Einfassung mit diagonalen Ecknähten*

1 Den Einfassungsstreifen links auf links der Länge nach zur Hälfte falten und bügeln. Entlang den Längskanten 5 mm Nahtzugabe einbügeln und den Streifen wieder aufklappen.

2 Breiten Sie den Quilt auf einer großen, sauberen Fläche aus.

3 Eine Längskante der Einfassung rechts auf rechts entlang der Quiltunterkante (aus der Mitte heraus) kantengleich aufstecken; das Schmalende einschlagen, dann den Streifen festnähen.

4 Nähen Sie den Einfassungsstreifen bis auf 5 mm zur Ecke fest. Beenden Sie die Naht mit Rückstichen und holen Sie das Nähgut unter dem Drückerfuß hervor.

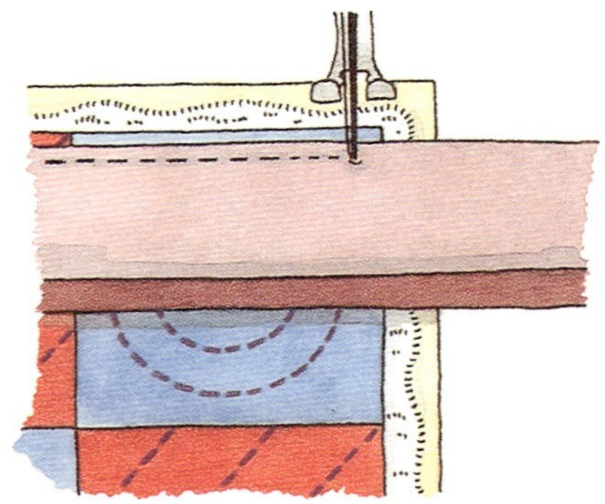



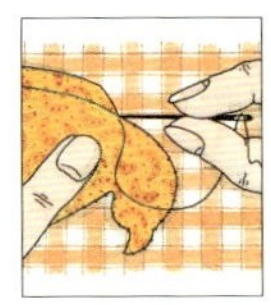

5 Legen Sie den Einfassungsstreifen so nach oben, dass die Innenkante in einer Linie mit der Quiltseitenkante verläuft. Streifen entlang der oberen Quiltkante festhalten, das lose Teil wieder entlang der Seitenkante nach unten legen und feststecken. Die gelegte Falte bewirkt, dass sich der Streifen später glatt über die Ecke zum Quiltrückteil legen lässt.

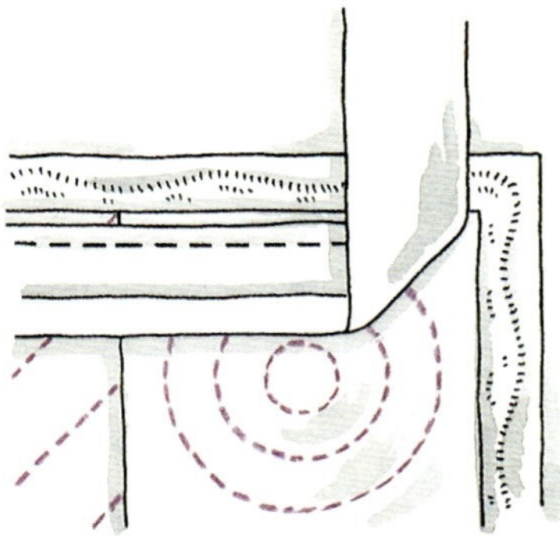

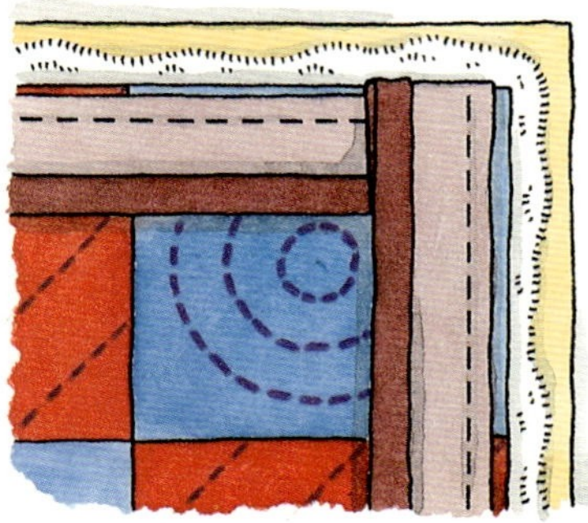

6 Auf diese Weise den Einfassungsstreifen rundum annähen.

7 Den Schrägstreifen an der Quiltunterkante so abschneiden, dass das Ende die eingeschlagene Schmalkante noch 3 cm überlappt.

8 Die lose Längskante des Einfassungsstreifens über die Quiltkante zur Rückseite legen und mit eingelegter Nahtzugabe auf die Steppnaht stecken.

9 Die Einschlagkante und die diagonal gelegten Falten mit Blindstichen befestigen.

*Angeschnittener Kantenumschlag*

Sie können einen Quilt auch mit angeschnittenem Kantenumschlag arbeiten. Hierzu wird der überstehende Rückteilstoff über die Kante zum Oberteil gelegt.

1 Breiten Sie den Rückteilstoff mit der rechten Seite nach unten aus, platzieren Sie darauf das Volumenvlies und darüber das Quiltoberteil mit der rechten Seite nach oben. Wenn das Rückteil rundum 4,5 cm größer ist als das Oberteil, schneiden Sie die Wattierung rundum 2,5 cm (halbe Überstandsbreite plus 5 mm) kleiner als das Rückteil zu. Die Lagen aufeinander heften.

2 Die Ecken am Rückteilstoff einschlagen.

3 Alle Rückteilkanten 5 mm breit einbügeln, dann zum Quiltoberteil legen; 5 mm Nahtzugabe am Oberteil berücksichtigen und feststecken. Die Ecken diagonal einlegen und heften.

4 Mit Blindstichen den Kantenumschlag auf und die diagonal eingelegten Ecken gegeneinander nähen.

*Schmale Einfassung mit vier einzelnen Streifen*

1 Das Quiltoberteil auf einer großen Fläche ausbreiten; Länge und Breite ausmessen. Beim Längenmaß 7,5 cm dazurechnen.

2 Je zwei Stoffstreifen von 4 cm Breite in dem zuvor ermittelten Längen- und Breitenmaß zuschneiden.

3 Die Streifen links auf links der Länge nach falten und bügeln. Entlang den langen Schnittkanten 5 mm Nahtzugabe einbügeln.

4 Eine lange, wieder aufgeklappte Schnittkante eines kürzeren Einfassungsstreifens rechts auf rechts entlang der Quiltoberkante kantenbündig aufstecken, heften und mit 5 mm Nahtzugabe aufsteppen. Die lose Streifenkante über die Quiltkante zum Rückteil legen und mit Blindstichen auf die Steppnaht nähen.

5 In gleicher Weise den übrigen kurzen Streifen entlang der Quiltunterkante annähen.

6 Die beiden langen Einfassungsstreifen entlang den Seitenkanten annähen: Mitteln Sie die Länge der Streifen und die Quiltkanten aus und heften Sie die Streifen – Mittelmarkierungen aufeinander treffend – auf; dabei die Schmalkanten bündig mit Ober- und Unterkante einschlagen. Mit 5 mm Nahtzugabe aufnähen. Die lose Streifenkante zum Rückteil legen und aufnähen. Seitliche Öffnungen mit Handstichen schließen.

## QUILTEN

Das Quilten hebt bestimmte Formen optisch hervor und hält die Lagen aufeinander.

• *Beim Handquilten* arbeitet man um bestimmte Formen einen kleinen, gleichmäßigen Vorstich und hält außerdem einen Linienabstand von 3 mm ein.

• *Zum Maschinenquilten* verwendet man eine Nadel in der Stärke 80 oder 90. Quilten Sie entlang allen Nahtlinien und halten Sie dabei einen Nahtabstand von 5 mm ein oder steppen Sie direkt in den Nahtrillen.

• *Beim Abbinden* eines Quilts (siehe Eulen-Quilt und Bären-und-Hasen-Quilt) stechen Sie die Nadel vom Oberteil aus senkrecht durch alle drei Lagen und lassen das Fadenende 10 cm lang stehen. Stechen Sie die Nadel vom Rückteil aus 3 mm neben dem Fadenaustritt zum Oberteil zurück; Einstich und Ausstich an der gleichen Stelle wiederholen. Faden fest anziehen und einen Weberknoten machen: Die Fadenenden einmal rechts über links, dann links über rechts miteinander verschlingen, dann gleich lang abschneiden.

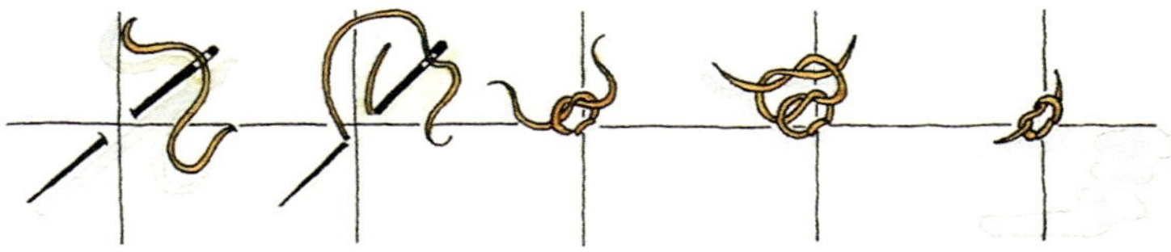

## KISSENHÜLLE MIT HOTEL-VERSCHLUSS ARBEITEN

1 Messen Sie die Größe (Breite x Höhe) des Kissenvorderteils aus.

2 Für den Zuschnitt des Rückteils übernehmen Sie die Breite und addieren zur Höhe 12 - 15 cm. Das Höhenmaß ausmitteln und das Rechteck in zwei gleich große Teile schneiden.

3 Entlang diesen Schnittkanten (Verschlusskanten) 5 mm Nahtzugabe auf links einbügeln und erneut 2,5 cm umbügeln. Einschlag- und Umschlagkante knapp absteppen.

4 Die Rückteile, rechte Seite oben und die Verschlusskanten gegeneinander, auflegen. Die Teile übereinander schieben, bis die Kissenhöhe der des Vorderteils entspricht. Die überlappenden Kanten innerhalb der Nahtzugabe aufeinander nähen.

5 Kissenvorderteil und -rückteil rechts auf rechts aufeinander stecken; mit 5 mm Nahtzugabe entlang den Außenkanten zusammennähen. Die Nahtzugaben zusammen im Zickzackstich versäubern. Kissen auf rechts wenden und bügeln.

## SCHNURPASPEL EINARBEITEN

1 Den Kissenumfang messen und 7,5 cm dazurechnen.

2 Schneiden Sie die Einziehkordel und den Schrägstreifen entsprechend lang ab.

3 Den Schrägstreifen der Länge nach links auf links falten und bügeln. Die Einziehkordel in den Faltenbruch einlegen.

4 Mit der Nähmaschine und dem Reißverschlussfuß entlang der Einziehkordel steppen.

5 Legen Sie Kissenvorderteil und -rückteil rechts auf rechts kantengleich aufeinander. Die Schnurpaspel entlang den Außenkanten zwischen den Lagen schnittkantenbündig platzieren. Entlang den Außenkanten eine Verstürznaht arbeiten; so nah wie möglich entlang der Einziehkordel steppen.

## KNOPFLÖCHER NÄHEN

1 Entsprechend der Vorlage markieren Sie die Position der Knopflöcher auf der rechten Stoffseite.

2 Den Durchmesser des Knopfs messen. Wenn Sie einen Knopflochfuß benutzen, diesen auf die entsprechende Länge einstellen.

3 Stellen Sie Ihre Maschine auf Knopflochstich ein.

4 Ein maschinell gefertigtes Knopfloch ist in vier Schritte unterteilt: Die Maschine arbeitet im Vorwärtsgang die erste Naht. Ist die Knopflochlänge erreicht, näht die Maschine ohne Transport einen Riegel, der aus ca. fünf breiten Stichen besteht. Danach erfolgt die zweite Naht im Rückwärtsgang. Am Ausgangspunkt arbeitet die Maschine erneut einen Riegel. Faden maschinell oder abgeschnittenen Faden auf der Rückseite mit Handstichen vernähen.

5 Mit einer Stickschere oder einem Nahttrenner den Stoff zwischen den beiden Stichreihen und den Riegeln aufschneiden.



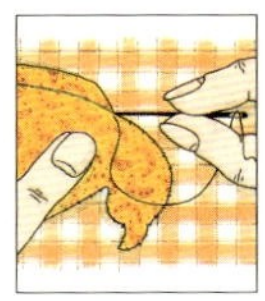

*Knopflöcher ohne Knopflochfuß nähen*

1 Um die Länge des Knopflochs zu ermitteln den Durchmesser des Knopfs messen und 2 mm dazurechnen.

2 Markieren Sie das Knopfloch mit einem Maßband auf der rechten Stoffseite: Zeichnen Sie eine gerade Linie in der Länge des Knopflochs; Anfang und Ende durch eine Querlinie markieren. Sie können auch mit einem kontrastfarbenen Nähfaden und Handstichen das Knopfloch markieren.

3 Stellen Sie Ihre Maschine auf Zickzackstich ein: Stichlänge 0,3 - 0,5 mm; Stichbreite 2 mm. An der linken Seite der Knopflochmarkierung knapp entlangnähen. Am Ende der Linie die Maschine anhalten, die Stichbreite auf 4 - 5 mm einstellen und mit fünf Stichen einen Riegel nähen.

4 Am Ende des Riegels den Nähfuß anheben, den Stoff um 180 Grad drehen und den Nähfuß wieder senken; Stichbreite zurück auf 2 mm stellen. Nun nähen Sie die zweite Seite des Knopflochs. Auf Höhe des Ausgangspunkts wie zuvor einen Riegel arbeiten. Fadenende abschneiden und mit Handstichen vernähen.

5 Schneiden Sie das Knopfloch auf, ohne dabei die Stiche zu verletzen. Am besten läßt sich dieser Arbeitsschritt mit einem Nahttrenner ausführen.

## · VERSCHIEDENE STICHE ·

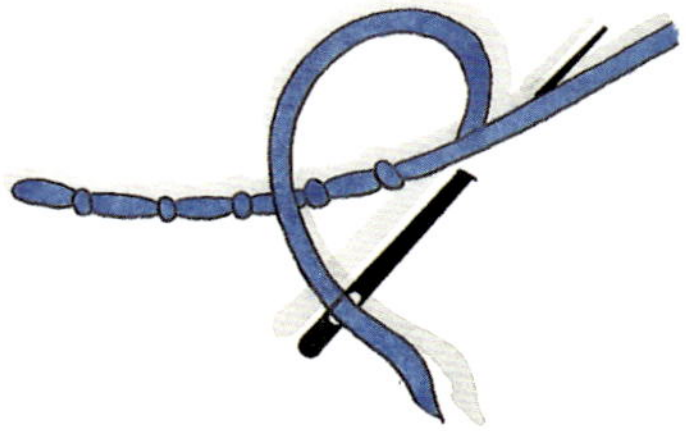
Kordonnierstich oder Überfangstich

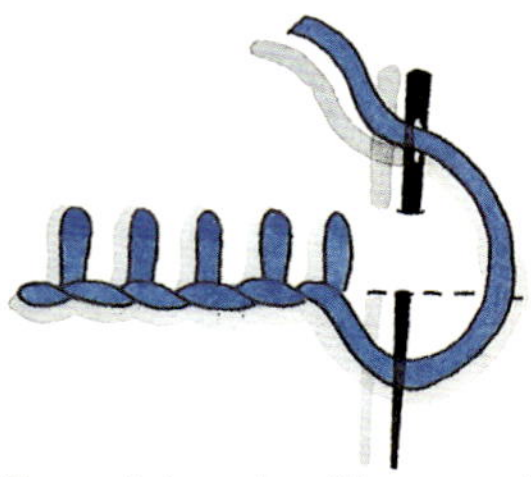
Schlingstich oder Festonstich

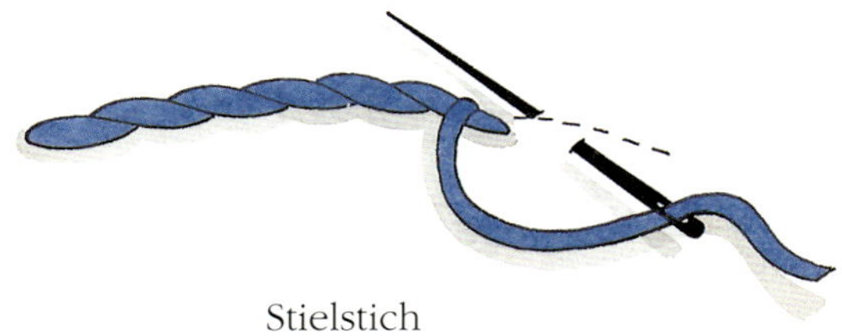
Stielstich

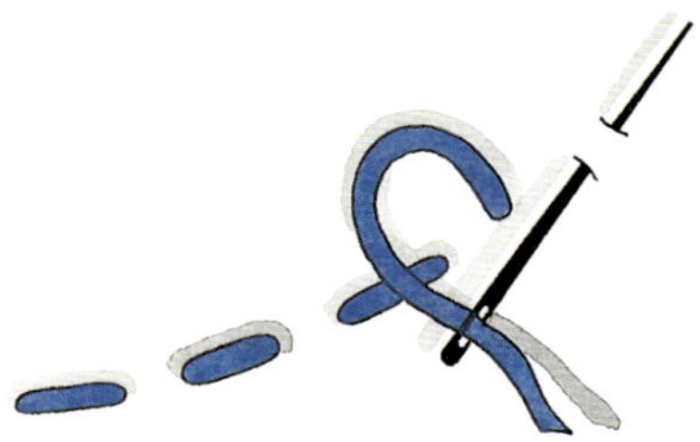
Vorstich

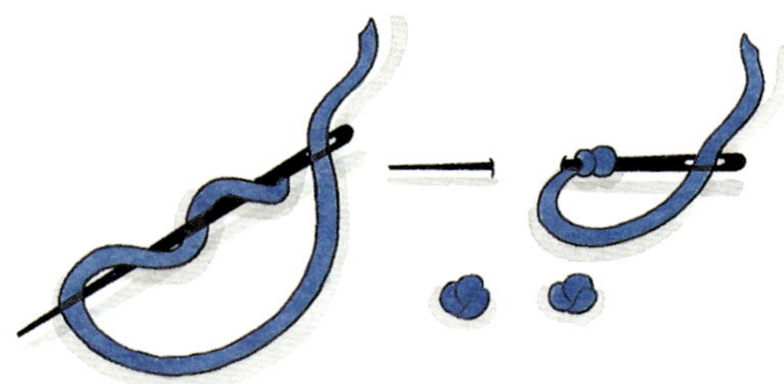
Knötchenstich

Leiterstich

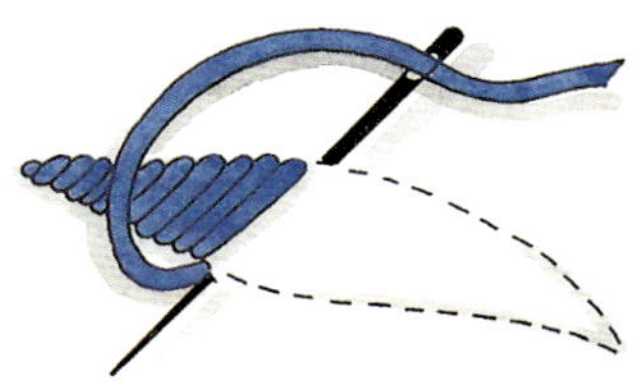
Plattstich



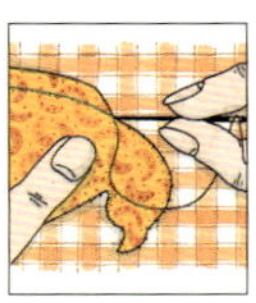

# · VORLAGEN ·

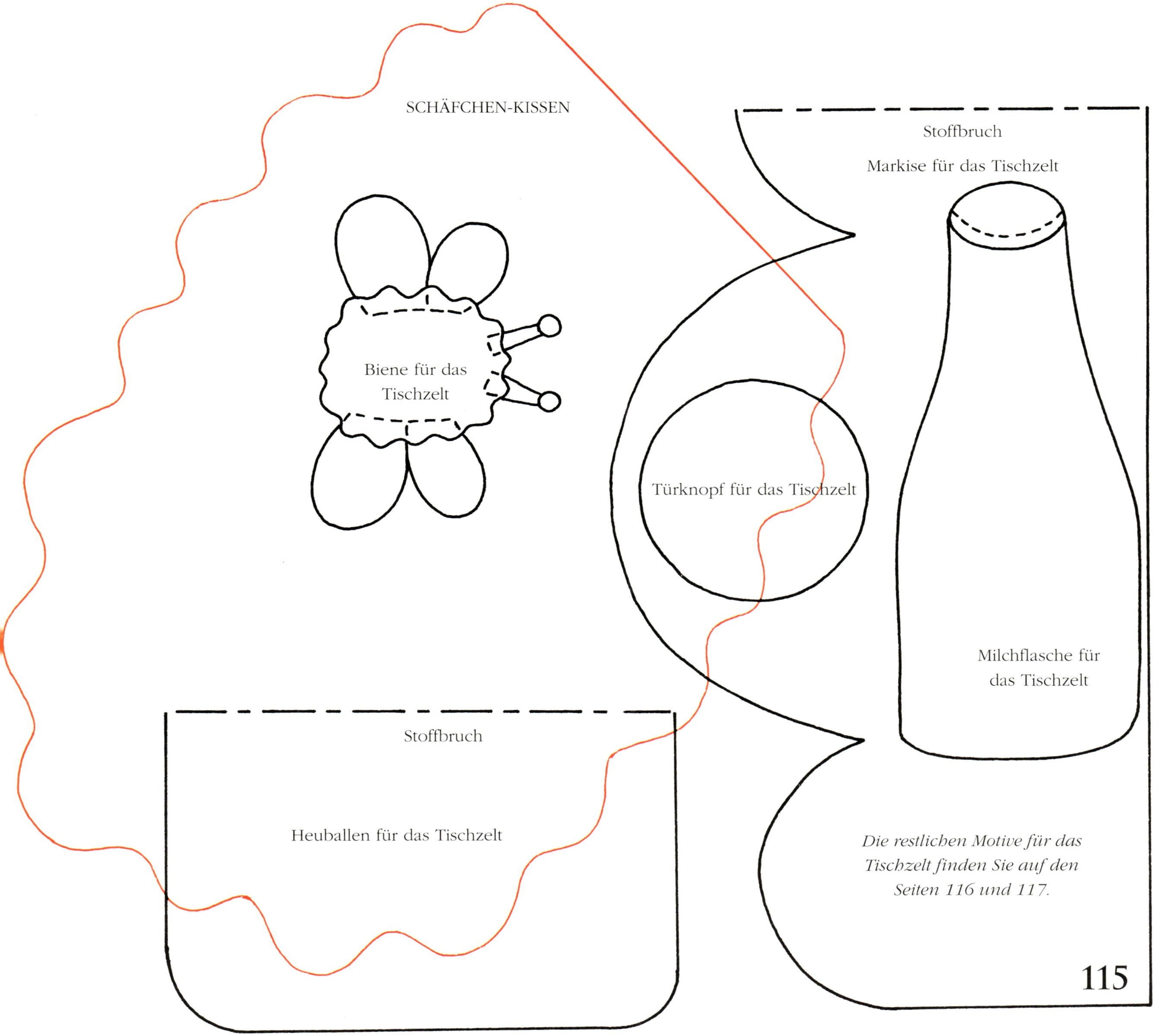


*Die restlichen Motive für das Tischzelt finden Sie auf den Seiten 116 und 117.*

*Die restliche Vorlagen finden Sie auf den Seiten 115 und 117.*

*Die restliche Vorlagen finden Sie auf den Seiten 115 und 116.*

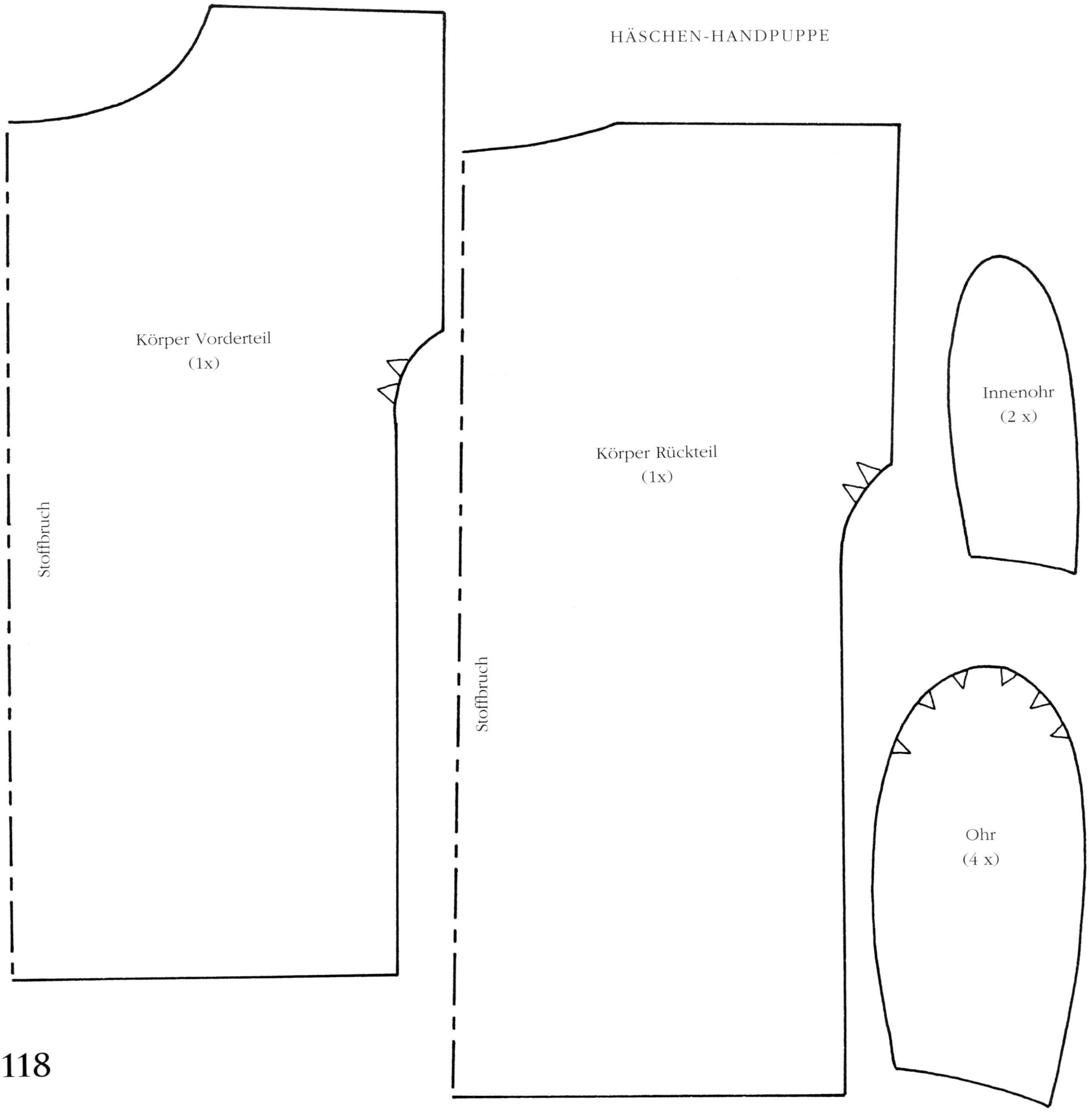
Körper Vorderteil
(1x)
Stoffbruch
Körper Rückteil
(1x)
Stoffbruch
Innenohr
(2 x)
Ohr
(4 x)

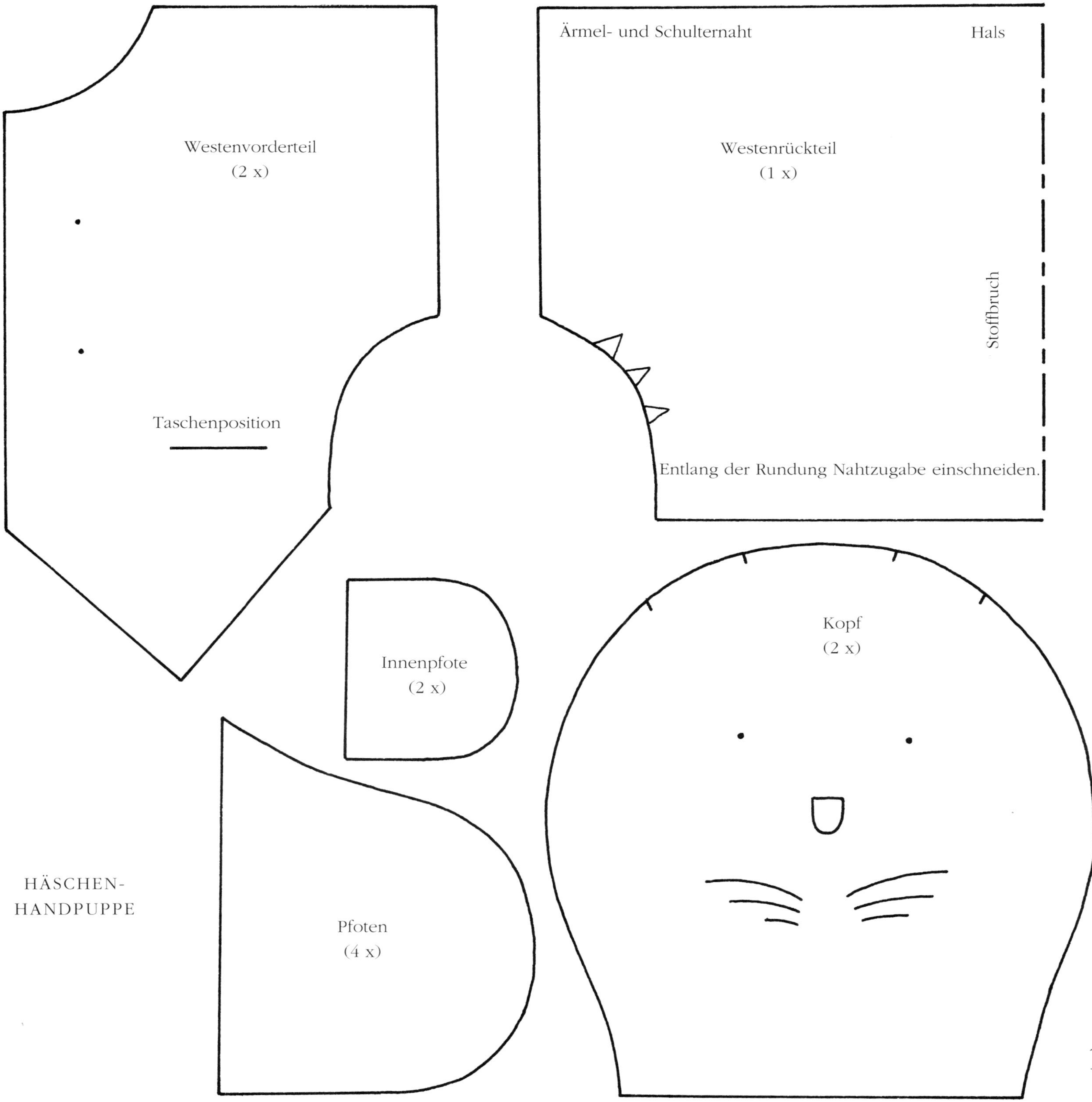
Westenvorderteil
(2 x)
Taschenposition
Ärmel- und Schulternaht
Hals
Westenrückteil
(1 x)
Stoffbruch
Entlang der Rundung Nahtzugabe einschneiden.
Innenpfote
(2 x)
Kopf
(2 x)
Pfoten
(4 x)

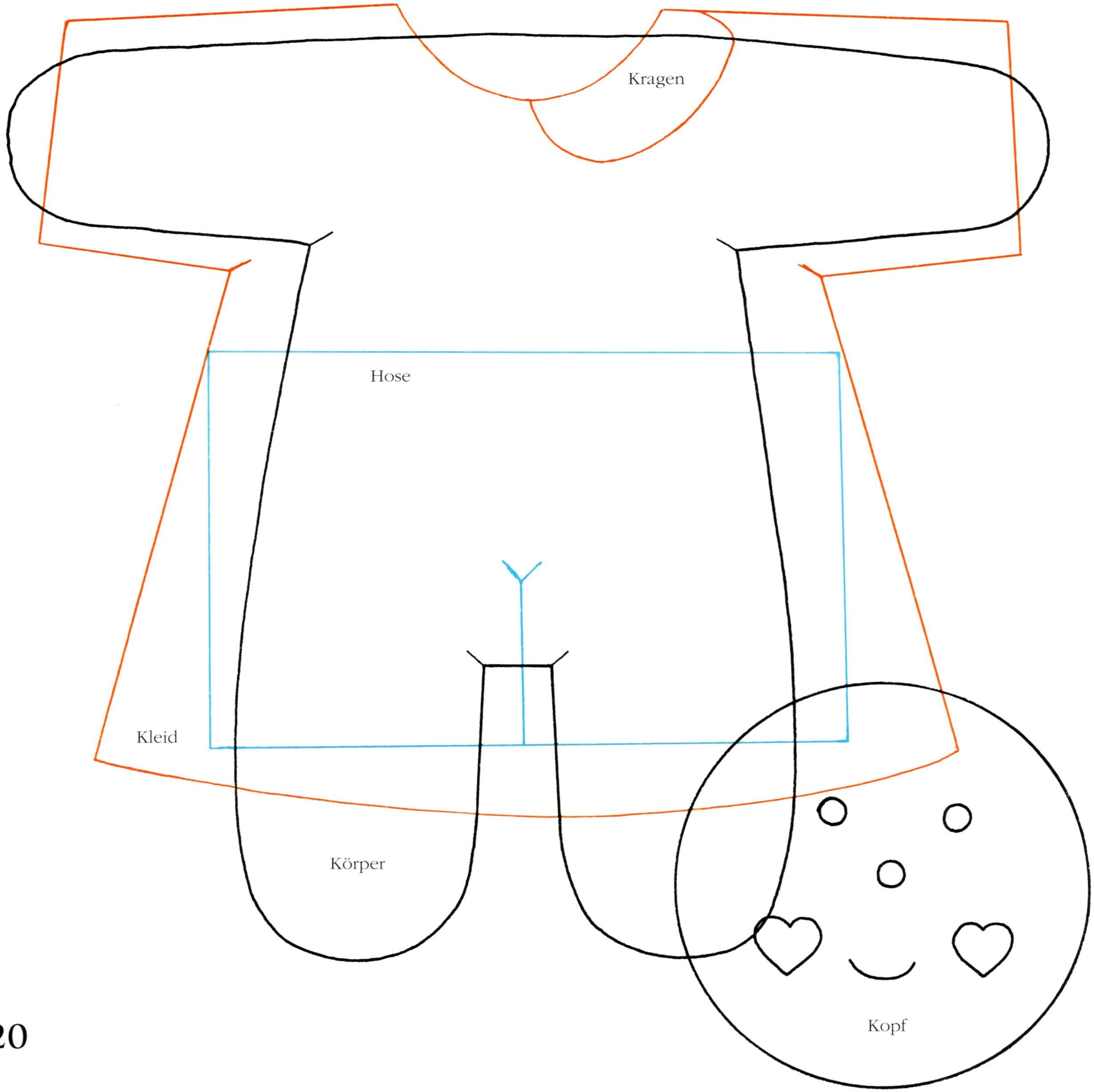
Kragen
Hose
Kleid
Körper
Kopf

Einen Körper im diagonalen Fadenlauf schneiden; die gestrichelten Kantenlinien werden von angrenzenden Motivteilen überlappt.

*Die restliche Vorlagen für die Kinderwagendecke finden Sie auf den Seiten 46 und 122 und die für die Spieldecke auf Seite 41.*

KINDERWAGENDECKE
UND VOGELHAUS

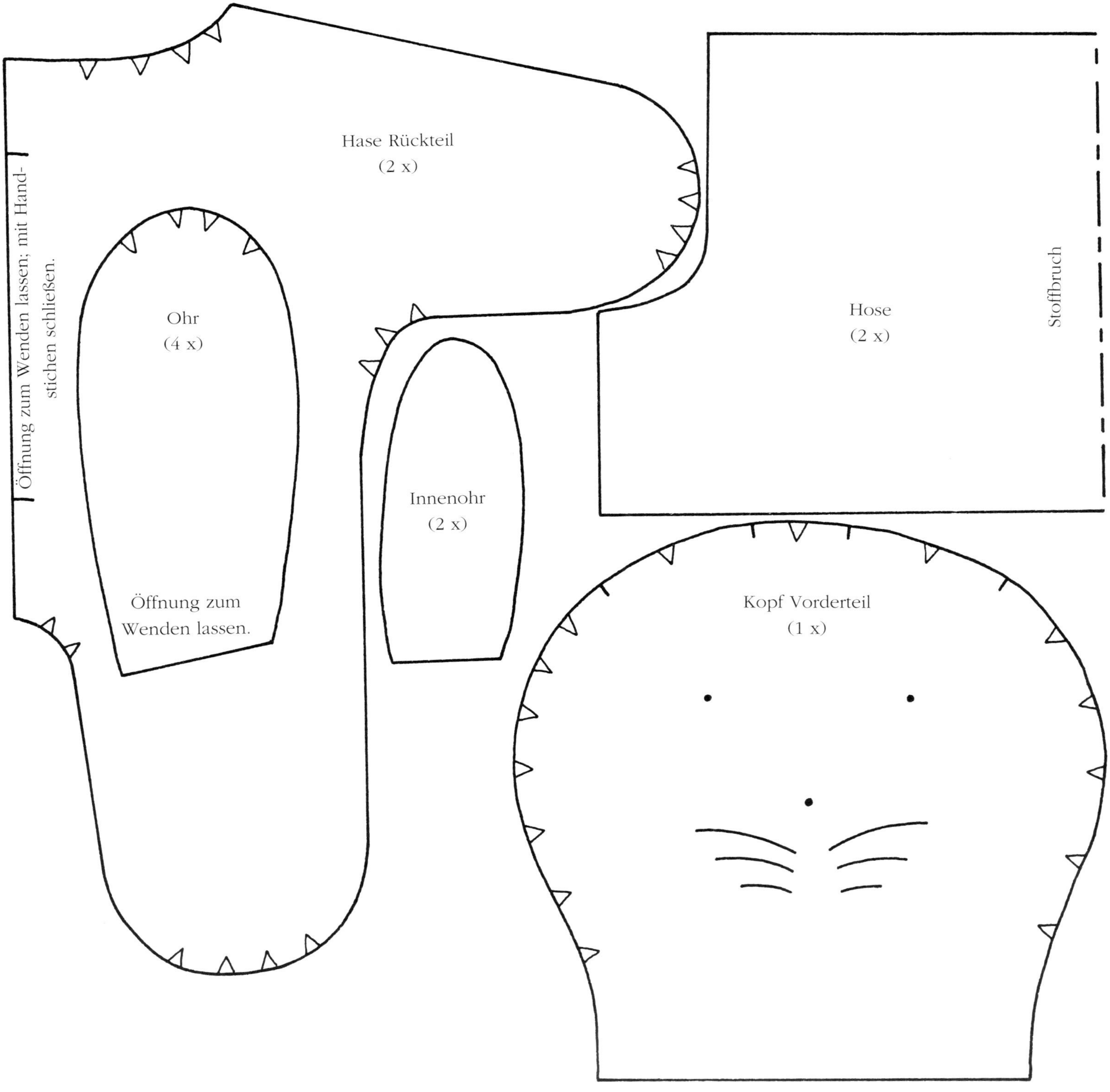
Hase Rückteil
(2 x)
Öffnung zum Wenden lassen; mit Hand-
stichen schließen.
Ohr
(4 x)
Öffnung zum
Wenden lassen.
Innenohr
(2 x)
Hose
(2 x)
Stoffbruch
Kopf Vorderteil
(1 x)

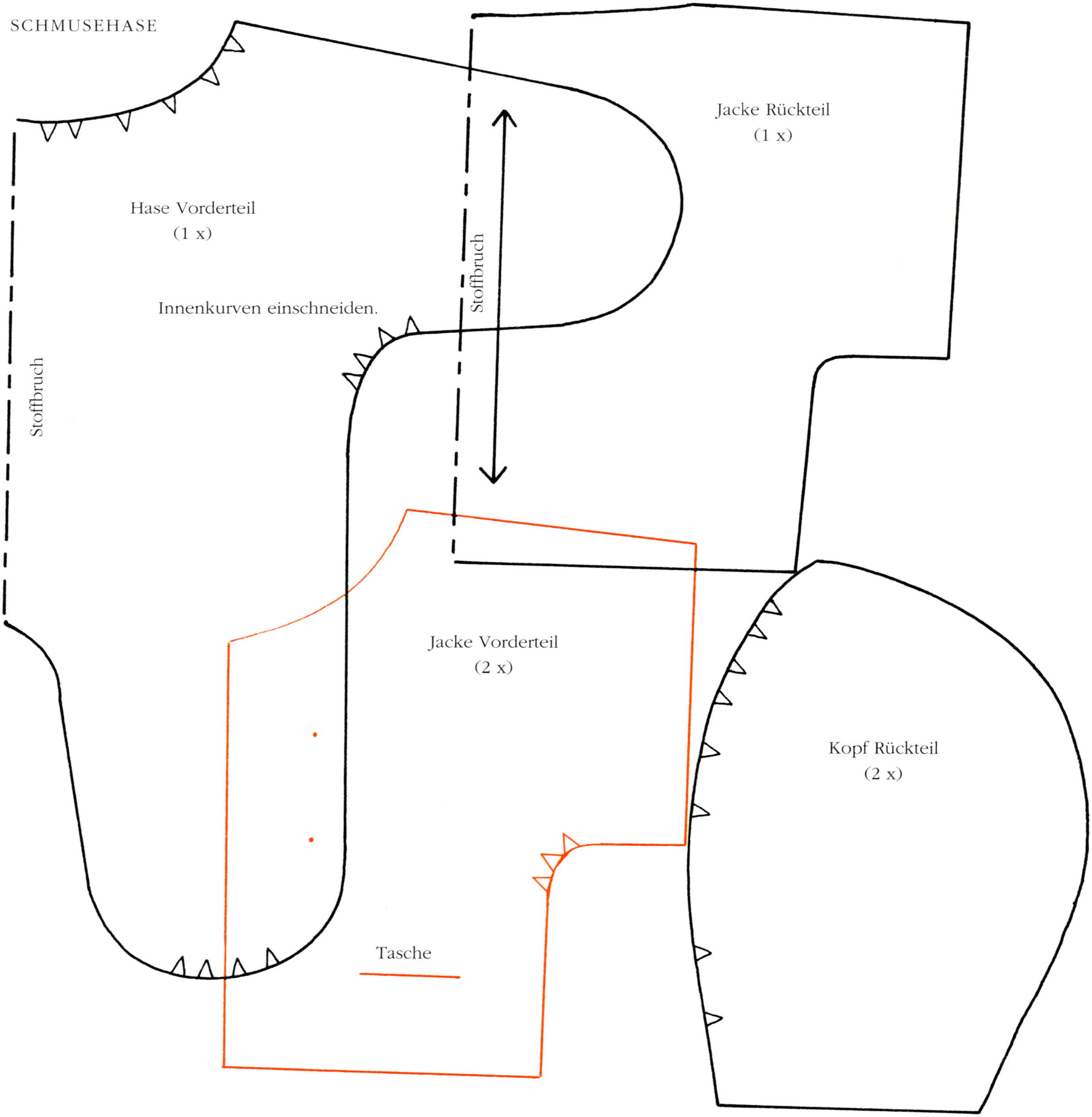
Hase Vorderteil
(1 x)
Innenkurven einschneiden.
Stoffbruch
Stoffbruch
Jacke Rückteil
(1 x)
Jacke Vorderteil
(2 x)
Tasche
Kopf Rückteil
(2 x)

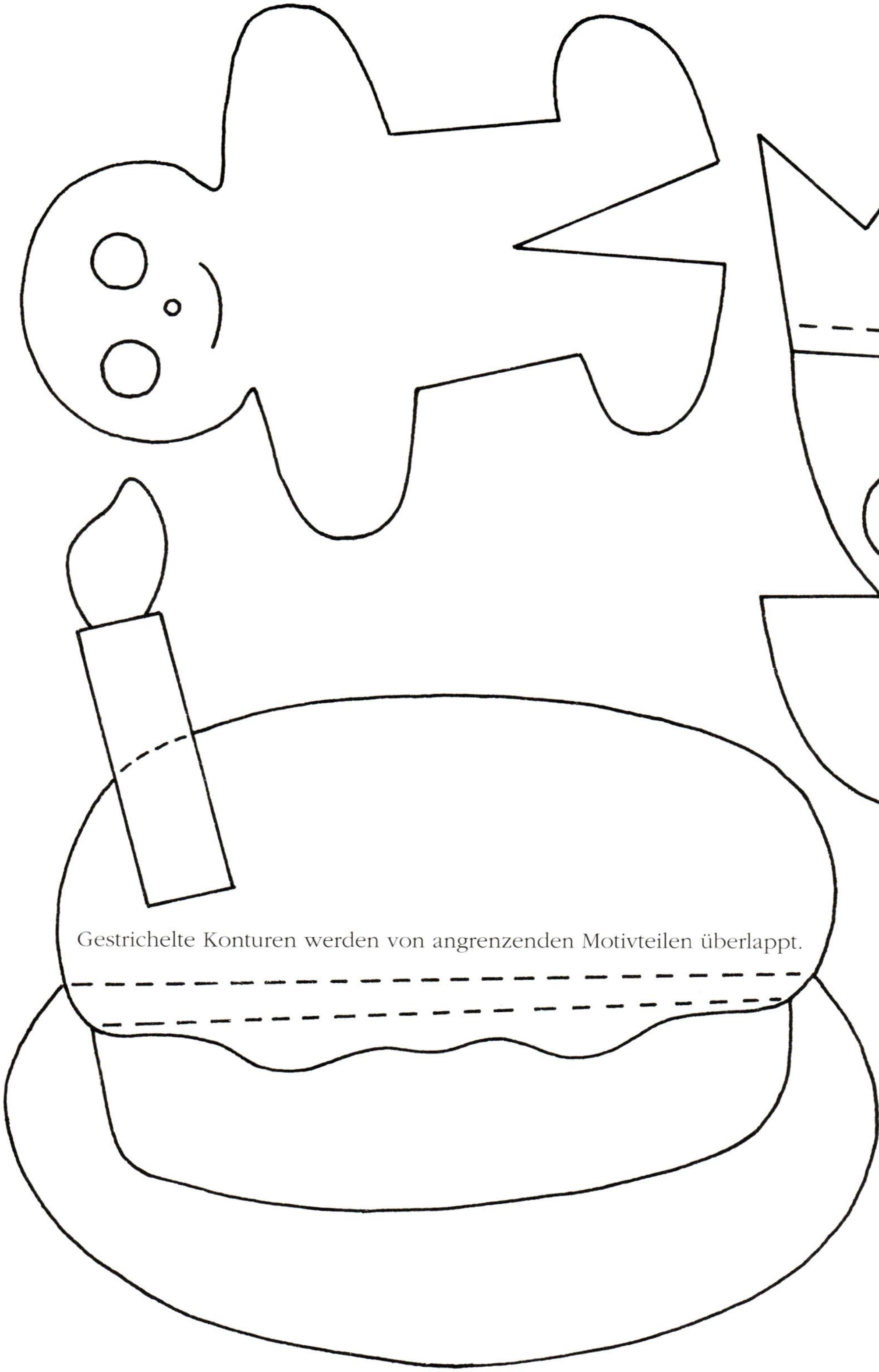

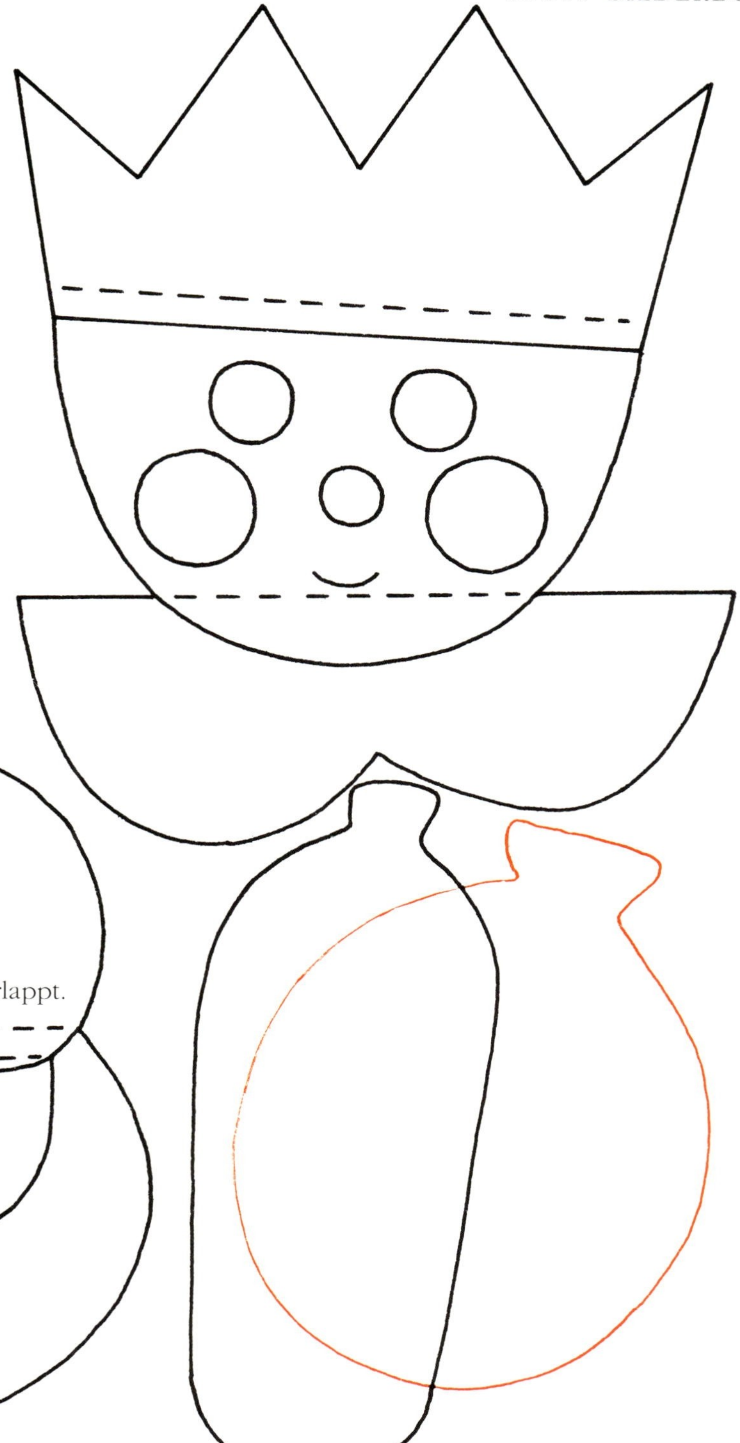

Gestrichelte Konturen werden von angrenzenden Motivteilen überlappt.



Für die Erdbeerschale einen 13 cm großen Kreis zeichnen.
Für den Lebkuchenmann einen 11,5 cm und einen 12,5 cm großen Kreis zeichnen.
*Die restlichen Vorlagen finden Sie auf Seite 59.*

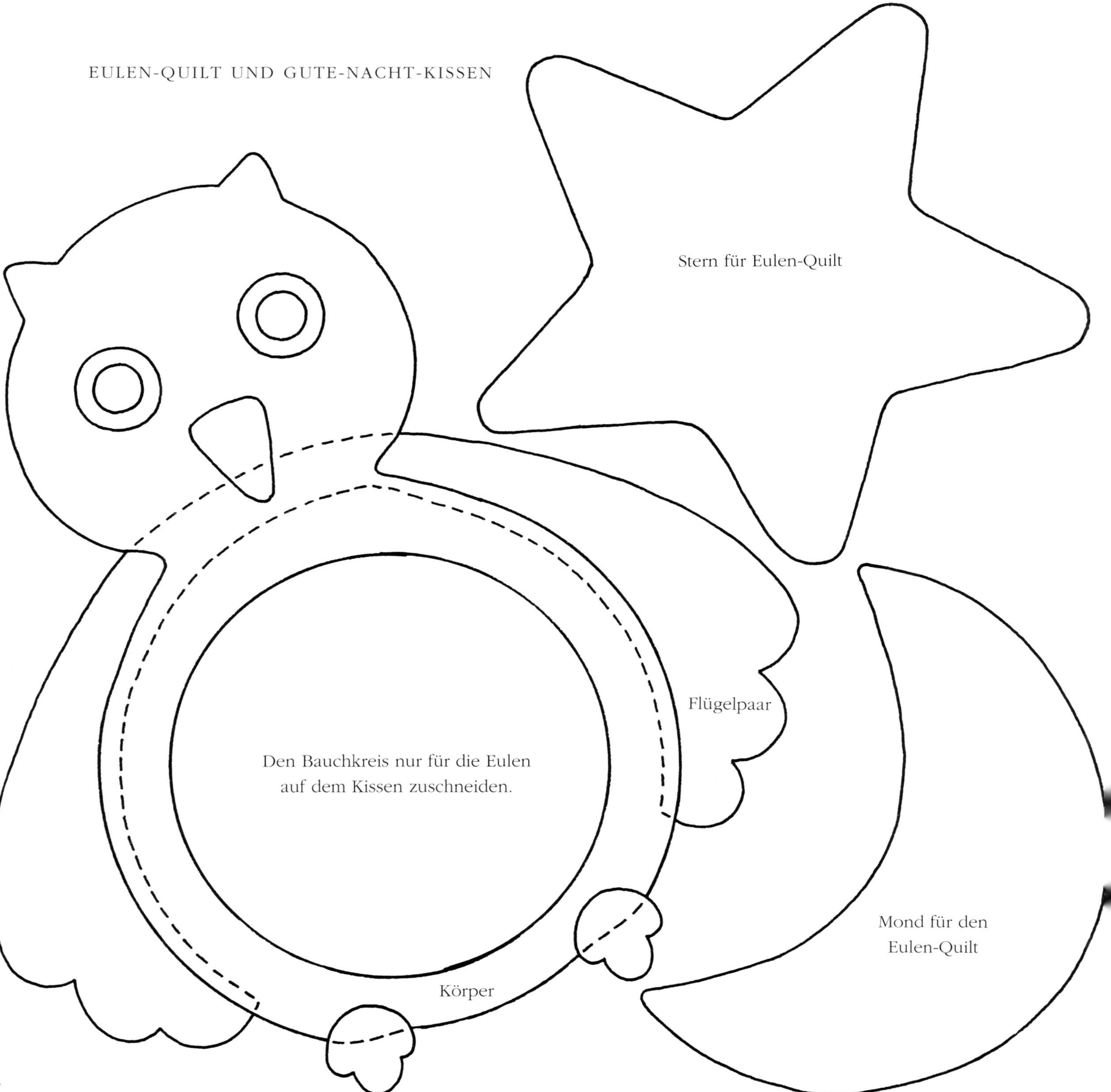
Stern für Eulen-Quilt
Flügelpaar
Den Bauchkreis nur für die Eulen
auf dem Kissen zuschneiden.
Körper
Mond für den
Eulen-Quilt

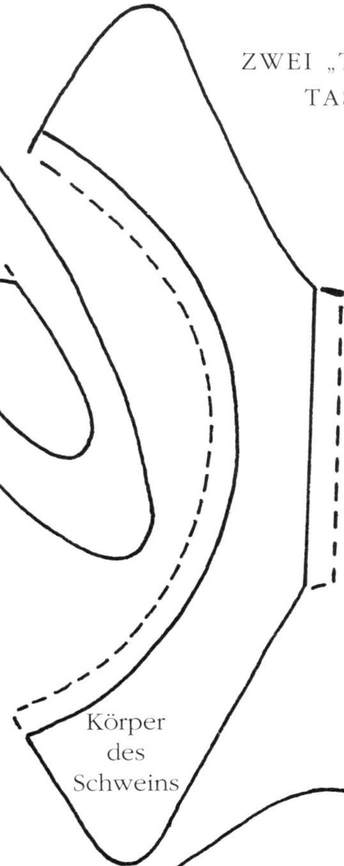


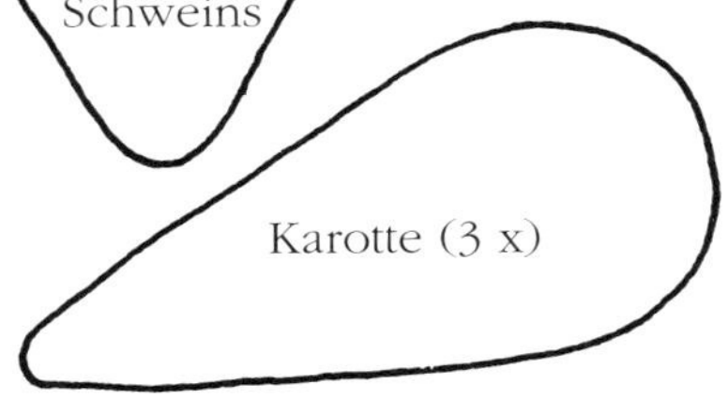

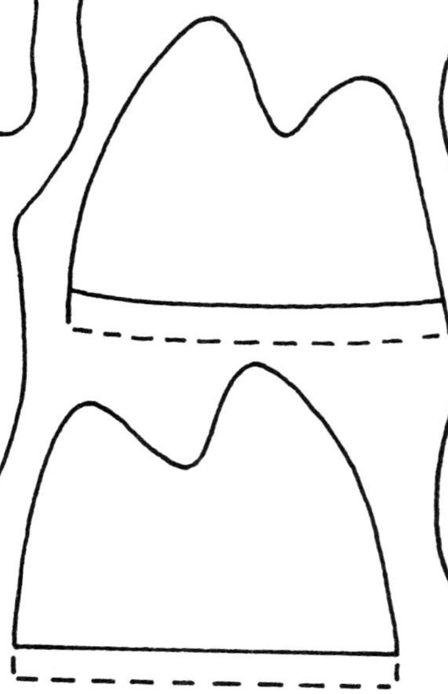

Stiel

Karotten-
blätter

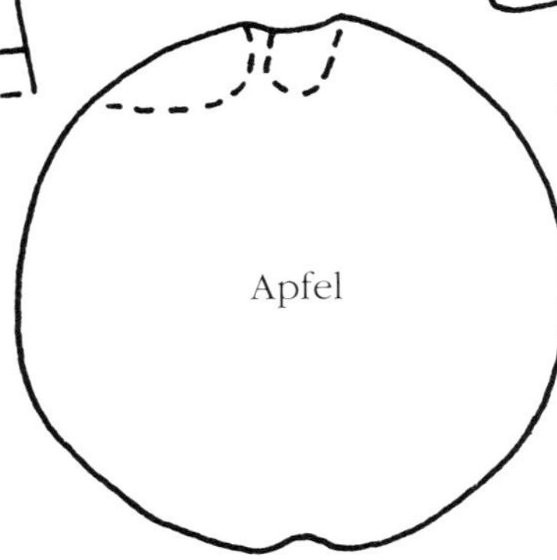

# · INDEX ·